기억의 미로를 걷는 사람들

기억의 미로를 걷는 사람들

기억의 미로를 걷는 사람들

Travellers to Unimaginable Lands

다샤 키퍼 지음 노승영 옮김

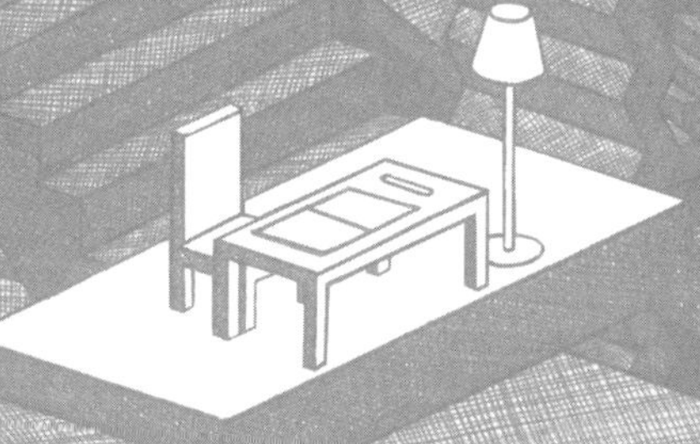

문학동네

일러두기

1. 각주에서 원주라고 밝히지 않은 주는 모두 옮긴이주다.
2. 본문에서 이탤릭체로 강조한 부분은 고딕체로 표시했다.

우리 부모님 마샤(마리야) 키퍼와 앨릭스 키퍼에게

차례

머리말

나는 스물다섯 살에 아흔여덟 살 먹은 남자의 집에 들어가게 되었다. 계획한 일은 아니었다. 바라던 일도 아니었던 것같다. 내가 도움이 될지도 알 수 없었다. 이 남자—케슬러 씨라고 부르겠다—는 친구도 가족도 아니었다. 케슬러 씨는 홀로코스트 생존자로, 초기 알츠하이머 환자였으며 나는 그를 돌보기 위해 고용되었다. 나는 임상심리학을 전공했지만 결코 전문 간병인은 아니었다. 내가 고용된 이유는 케슬러 씨의 아들 샘이 자기 아버지가 혼자 살면 안 된다고 생각했기 때문이다. 꼭 상태가 안 좋아서는 아니고 집에서 아버지를 도와줄 사람이 있으면 좋겠다 싶어서였다.

여느 알츠하이머 환자와 마찬가지로 케슬러 씨는 자신의 상태를 인정하지 않았다. 회복 불가능한 쇠약증에 걸렸다기보다는 노화로 인한 정상적인 통증과 문제를 겪는다고 생각했다. 세제를 오븐에 넣어두거나 자신이 몇 층에 사는지 잊어버리면 고개를 저으며 한숨지었다. "마인 콥 아르벳 니슈트(머리가 말을 듣지 않는군)." 하지만 그것은 탄식이지 진단이 아니었다. 이 부정은 임상적이면서도 지극히 인간적이었는데, 이 때문에 그의 아들도 질병을 잘못 판단했다.

브롱크스에 있는 케슬러 씨의 침실 두 개짜리 아파트에 입주한 뒤 나는 여느 간병인처럼 타인의 강박을 기록하는 사람이 되었다. "열쇠가 어디 갔지?" "내 지갑 봤어?" "오늘이 며칠이지?" "아가씨 집이 어디야?" "부모님은 살아 계시고?" 내게 돌봄을 받은 일 년 동안 매일같이 이런 질문을 한 게 아니었다. 하루에 아홉 번씩, 열 번씩 했다. 언제나 '처음' 묻는 것이었기에 긴박감이 결코 사그라들지 않았고 그 긴박감은 내게도 전염되었다. 나는 그를 돕고 싶었지만 도울 수 없었다. 그가 내 노력을 인정해주길 바랐지만 그는 그럴 수 없었다.

그 집에 들어가기 전해인 2009년, 나는 임상심리학 박사과정을 밟고 있었다. 우울증, 외상후스트레스장애PTSD, 복합 비애*, 불안에 중점을 두고 정량 분석이라는 냉철한 렌즈를 통해 병리학을 연구했다. 어떤 면에서는 보람도 있었지만 조사의 일반론적 성격과 질병 연구의 무미건조하고 비인격적인 측면에 괴리감을 느꼈다. 경험적 데이터와 임상시험이 필수적이라

---

* complicated grief. 사별 후 겪는 슬픔이 일반적인 수준을 넘어 오래 지속되면서 나타나는 병리적 반응.

는 걸 이해했지만 이 관점으로는 신경 질환을 온전히 바라볼 수 없다는 것도 알고 있었다. 원리와 이론적 토대에 금세 환멸이 났다.

결국 학계에서 멀어지게 된 계기는 애초에 학계에 들어서게 된 계기와 같았다. 임상심리학을 공부하기 전에는 올리버 색스 박사의 학생이었다. 색스 박사를 만난 적은 한 번도 없었지만 십대에 『아내를 모자로 착각한 남자』를 처음 접한 뒤로 그의 목소리, 감수성, 준거틀을 내면화했다. 내가 색스 박사에게 빠져든 것은 환자에게 온갖 감정을 느낀다는 점 때문이었다. 그가 이야기를 풀어내면서 신경학과 정체성 연구를 어찌나 매끄럽게 접목했던지 급기야 그의 감정으로부터 임상 관찰을 떼어내는 것이 불가능해졌다. 그래서인지 친구이자 멘토인 소련 신경심리학자 알렉산드르 루리야에게서 '낭만적 과학'[1]이라는 용어를 빌려 자신의 연구를 묘사했다는 점도 마음에 들었다.

'낭만적 과학'은 시시콜콜한 개인사를 질병 연구에 접목하는 18세기 전통에 부응하는 용어이지만 더 일상적인 의미에서도 이치에 맞는다는 느낌이 들었다. 색스 박사는 환자들이 자신의 처지에도 불구하고, 또한 그 덕분에 세상을 헤쳐나가고 삶에 의미를 부여하는 광경에 깊은 감동과 인상을 받았다. 그래서인지 그의 사례 연구는 인간 의식의 탐구일 뿐 아니라 개개인에게 바치는 송가 같았다. 이런 연유로 나는 케슬러 씨를 간병해달라는 부탁을 받았을 때, 사람이 신경병에 잠식당하면서도 자아감을 간직하려고 싸우는 모습을 관찰할 기회가 찾아왔다고 생각했다.

케슬러 씨는 어느 아침에는 내가 누구인지 알았고 어느 아침에는 몰랐다. 어느 날에는 내가 곁에 있는 것에 역정을 냈고 어느 날에는 반색했다. 어느 날에는 자신의 건망증을 은근히 나무라듯 나를 바라보며 중얼거렸다. "내가 이런 지 얼마나 됐지?" "왜 기억이 안 날까?" "아가씨가 날 어떻게 견디는지 모르겠군." 혼란과 자기 인식을 오락가락하는 모습은 알츠하이머병의 일부일 때가 많지만 임상 담론에서는 간과되기 일쑤다. 그 대신 우리는 환자가 자신의 상태에 대해 얼마나 알고 있는지를 가리킬 때 '병식病識' 같은 용어를 쓴다. 하지만 이런 용어는 투박한 이분법처럼 느껴진다. 치매 환자에게 병식은 켜졌다 꺼졌다 하는 스위치가 아니다. 환자의 인식을 뭐라고 묘사한들 압박에 시달리는 마음, 또는―치매 문제와 관련해서는―그런 압박을 가라앉히고 싶어하는 마음의 복잡하고 모순적인 성격을 포착할 수 없다.

올리버 색스는 '결손'이라는 용어가 "신경학에서 애용하는 단어"[2]라며 탐탁잖아했다. 환자를 작동 여부에 따른 기능적 시스템으로 전락시킨다는 이유에서였다. '결손'에는 '병식'과 마찬가지로 중의성의 여지가 없다. 치매 장애는 기억력 상실, 주의력 상실, 억제력 상실, 판단력 상실 등의 결손으로 모든 것을 설명할 수 있는데, 이것이 쓰라리면서도 두려운 것은 상실이 일어나기 전에 고함, 언쟁, 변호, 허언, 비난 등의 과잉이 곧잘 나타나기 때문이다. 더 심각한 과잉은 자아의 과잉이다. 상실이 일어나면 보상행동이 따르기도 한다. 그럴 때 뇌는 질병에 굴복하지 않고 아직 남아 있는 능력으로 무장해 사라져가는 것을 만회하려고 온갖 방법을 동원한다.

이런 종류의 보상을 일컬어 '인지 예비력'[3]에 의존한다고 말하는데, 이 숨겨진 능력이 환자와 보호자를 얼떨떨하고 혼란스럽게 한다는 것을 감안하면 적절하면서도 역설적인 표현이다. 뇌는 아직 제구실하는 신경망을 활용하여 자아감을 보전하려 한다. 이 때문에 환자는 언쟁하고 구슬리고 설득하고 허언하고 비난하며, 그런 행동들을 지속할 수 있다.* 이 모든 이유 때문에 병증과 보상을 가르는 선이 점점 흐릿해진다. 실제로, 처음에 우리를 괴롭히는 행동은 치매 장애보다는 환자의 인지 예비력에서 비롯한다고 말할 수 있다.

암이나 울혈심부전과 달리 뇌 질병은 질병과 환자 사이에 경계가 전혀 없다. 환자는 병과 '공모'하며 색스 박사의 말마따나 "오래된 커플[4]처럼 하나의 복합체가 된다". 그런 경우 기이하거나 모순된 행동은 정확히 무엇 때문일까? 한밤중에 내 침실로 쳐들어와 여권 좀 찾아달라고 부탁한 사람은 내가 여권을 찾아준 지 2분 뒤에 디는 필요 없으니 나가라고 말한 사람이기도 했다. 몇 시간 동안 자신의 어린 시절에 대해 내게 나직이 이야기한 사람은 자신과 내가 한 번도 소통한 적이 없으며 혼자 지내고 싶다고 아들에게 말한 사람이기도 했다.

케슬러 씨에 대해 알아갈수록 그가 '복합체'라는 느낌이 커

---

* 이 책에서는 '마음'과 '뇌'를 같은 뜻으로 쓰지만, 특수한 과정을 묘사할 때는 '뇌'를, 인간 본성을 뭉뚱그려 일컬을 때는 '마음'을 선호한다. 어느 표현을 쓰든 복잡하고 열띤 '심신(mind-body)' 논쟁에서 한쪽 손을 들어주려는 의도는 전혀 없다. ─원주

졌다. 그의 모순은 단지 인지 저하의 부작용이 아니라 두 가지를 다 원하는 사람의 표현 방식이었다. 그는 완전히 독립하고 싶어하면서도 끊임없이 관심받고 싶어했다. 나를 늘 심란하게 한 것은 질병과 공모한 그 사람이었다. 역설적이게도 내가 색스 박사의 환자에게서 높이 산 그 성질, 바로 '자아의 보존'[5] 때문에 내 일이 훨씬 고달파지고 있었다.

케슬러 씨가 나를 알았다가 몰랐다가, 나와 함께 지내는 것을 원했다가 거부했다가, 내가 차려준 음식을 맛있게 먹었다가 내가 자신의 환대를 악용한다고 비난했다가 오락가락하는 동안 나 또한 필요한 사람처럼 느껴졌다가 침입자처럼 느껴졌다가를 반복했다. 그의 변덕이 내게 실존적 위화감을 불러일으키기 시작했다. 내가 여기 뭐하러 왔지? 뭘 하고 있는 거지? 내가 조금이라도 도움이 되는 거 맞아? 치매 환자가 여전히 상대방의 가장 취약한 부위를 찾아 그가 허물어질 때까지 찔러댈 수 있다는 것을 그때 처음 알았다.

그 집에 머문 지 7개월쯤 된 어느 저녁, 케슬러 씨가 연기감지기의 건전지를 갈겠다며 기우뚱기우뚱 의자에 올라가려 했다. 내가 위험하다며 도와주겠다고 하자 그는 언제나처럼 자신이 고용주이고 도움은 필요 없다고 쏘아붙였다. 평상시에는 그가 무언가를 고치려 들면 주의를 딴 데로 돌리는 방법을 썼다. 하지만 이번에는, 이번만은 객관적 현실이라는 게 있다는 걸 납득시켜야겠다고 생각했다. 그래서 단호하게 말했다. "경보기 놔둬요. 너무 위험하다고요." 그는 손을 내저으며 의자에 발을 올렸다. 나를 무시하는 태도에 부아가 치밀어 평소와 달리 그의 망상을 깨부숴야겠다는 충동이 들었다. 이 놀음에 신물이 났다. 자신에게 잘못된 것이 아무것도 없다는 그의 믿음에 공모하는 것도 지긋지긋했다. 역설적으로 그 믿음 때문에 내가 자기 집에 머무는 것에 시비 걸기가 쉬워지지 않았던가. 그래서 간병인이 해서는 안 되는 일을 했다. 그와 언쟁을 벌였다. 분에 못 이겨 몸서리치면서 당신 혼자서는 아무 일도 못한다고, 언제나 내 도움이 필요하다고, 혼자 살아갈 수 없다고 소리질렀다.

그는 내가 역정을 내도 당황하지 않았고 10분 뒤에는 다 잊어버렸지만, 나는 너무 속상해서 몇 주 동안 무감정 상태에 빠졌다. 케슬러 씨가 듣고 싶어하는 선율을 들려주고, 이야기를 청하고, 그날 누가 전화했는지 알려주는 등 일상 업무는 계속했지만 절망스럽고 멍할 때가 많았다. 내가 실패하고 있다는 생각이 들었다. 임무에 실패하는 게 아니라 인간으로서 실패하는 것 같았다. 치매로 고통받는 아흔아홉 살 노인에게 고함을 지르다니, 나는 어떻게 생겨먹은 인간이람? 색스 박사가 신경 손상 환자의 돌봄에 꼭 필요하다고 언급한 '공감적 분리'는 어디 갔지? 물론 색스 박사는 하루 일과가 끝나면 환자에게서 벗어나 웨스트빌리지에 있는 집에 돌아가 휴식과 재충전을 할 수 있다. 나는 아무데도 갈 곳이 없었다. 그럼에도 책에서 배운 것을 배신한다는 느낌이 들었다.

그렇기에 그의 책 한 권이 나를 구하러 와줘야 한다는 것은 지당한 결론이었다. 어느 날 『아내를 모자로 착각한 남자』를 훑어보는데, 전에도 여남은 번은 읽었을 문단이 뇌리에 박혔다. '길 잃은 뱃사람'에 대한 사례로, 뉴욕시 양로원에서 사는 "매력적이고 지적이지만 기억력을 잃은"[6] 남자의 이야기다. 색스 박사가 '지미 G'라고 부른 남자는 코르사코프증후군을 앓아 새로운 기억을 형성할 수 없었다. 그는 자신이 열아홉 살이라고 믿었지만 실제 나이는 마흔아홉이었다. 지미 G의 자아상과 실제 모습이 너무 대조적이어서였는지 색스 박사는 문득 충동적으로 남자의 얼굴에 거울을 들이대고 보라고 말했다. 지미 G는 거울 속 자신을 보고서 당연히 겁에 질렸다. 색스 박사는 즉시 실수를 깨닫고 지미가 거울 속 모습을 잊을 때까지 그를 달랬다. 하지만 자신이 저지른 짓을 잊을 수 없었으며 결코 자신을 용서할 수 없었다.

그 문단을 읽으면서 색스 박사에게 고마운 마음이 들었다. 그가 실수를 저질러서, 기꺼이 인정해줘서 고마웠다. 자신이 잠시나마 비합리적으로 행동한 결함 있는 인간임을 우리에게 알려줘서 고마웠다. 그는 왜 진실을 감당할 수 없는 환자에게 거울을 들이댔을까? 많은 보호자가 느끼는 충동은 색스 박사조차 피해갈 수 없었던 듯하다. 하긴 모든 보호자가 사랑하는 사람에게 조만간 거울을 들이대지 않던가? 우리 모두는 무엇이 현실이고 무엇이 현실이 아닌지 이해시키려고 환자에게 읍소하고 논쟁하려 들지 않던가? 여느 보호자와 마찬가지로 색스 박사는 본능적으로 환자를 교정하고 싶었다. 다시 정상으로 만들고 싶었다. 그것이 우리가 환자와 언쟁하고 때로는 소리를 지르는 이유다. 우리는 공유된 현실을 재확립하고 싶어 한다. 환자를 진실과 대면시키도록 우리를 몰아가는 것은 잔

인성이 아니라 절박감이다.

나의 관점이 달라지기 시작했다. '길 잃은 뱃사람'은 단지 "기이하고 모순되는 일들의 끊임없는 압박"을 견디고, "부단히 변하는 무의미한 순간에 얽매여"[7] 헛되이 연속성을 추구하는 사람의 이야기만이 아니었다. 그건 색스 박사에 대한 이야기이자 인지 손상을 입은 사람들과의 무의미한 순간에 끌려들어간 모든 보호자에 대한 이야기이기도 했다.

치매를 일컫는 영어 단어 '디멘시아dementia'는 라틴어 '데de'(박탈되다)와 '멘스mens'(마음)가 어원인데, 18세기 후반 영어 사전에 실렸으며 처음에는 실성이나 광기를 뜻했다. 의료계에서 뒤늦게나마 신체 질환뿐 아니라 정신 질환도 다루기 시작하면서 실성, 노망, 성격 변화 등의 징후가 신체적 관점에서 분석되기 시작했으며 20세기 들어서는 마침내 신경 문제로 간주되었다. 『정신 질환의 진단 및 통계 편람』 5판(DSM-5)[8]에서는 '치매'라는 용어 대신 '신경 장애neurological disorder'를 선택했다.* 이렇듯 정신적 관점에서 생물학적 관점으로 변화가 일어나면서 한때 수치스러운 것으로 손가락질받던 행동이 낙인을 벗을 수 있었다. 암이나 심장병을 앓는 사람에게 화를 낼 수는 없지 않은가.

'치매'가 여전히 병명으로 널리 쓰이긴 하지만 사실 이 용어는 기억상실증에 시달리고 감정 조절을 힘들어하고 판단, 계

---

* 대한의사협회 의학용어집에서는 '신경계 질환'이라는 용어를 사용한다.

획, 문제 해결에 어려움을 겪는 등 인지 저하와 관련된 여러 증상을 뭉뚱그린 것에 불과하다. 치매는 일시적으로 일어날 수 있고 약물, 탈수, 비타민 결핍에서 비롯하기도 한다. 하지만 알츠하이머병, 레비소체치매, 전두측두엽치매, 혈관성치매 같은 치매 장애는 질병이며 돌이킬 수 없다.

전 세계 5500만 명 이상이 치매 장애를 앓고 있으며 2050년이 되면 환자 수가 세 배에 이를 것으로 전망된다.[9] 알츠하이머병은 가장 흔한 유형의 치매로, 약 650만 명의 미국인이 경도인지장애에서 본격적인 알츠하이머병에 이르는 증상을 나타낸다.[10] 노화가 가장 강력한 위험 인자이기는 하지만 노인만 치매에 걸리는 것은 아니다. (65세 이전에 증상이 나타나는) 조발성치매도 최대 9퍼센트를 차지한다. 치매 장애 치료에 드는 비용은 전 세계적으로 연간 1조 3000억 달러로 추산되며 10년 뒤에는 두 배 이상 증가할 것이다.

미국에서는 치매 환자를 돌보는 사람의 수가 1600만 명을 훌쩍 넘으며(전 세계적으로는 너무 많아서 가늠조차 안 된다) 그 상당수는 가족 구성원으로, 연간 160억 달러어치의 무급 돌봄을 제공한다. 더 중요한 사실은 보호자 본인이 돌봄으로 인한 어마어마한 신체적·생리적 비용을 치른다는 것이다.[11] 우리는 이 사람들을 치매 장애의 '보이지 않는 피해자'라고 부른다. 이렇게 지칭하면 보호자의 고충을 조금이나마 알아줄 수는 있겠지만, 이 용어에는 '피해자'라는 단어의 더 정확하고 암울한 의미가 담겨 있지 않다.

많은 경우 치매 장애가 만들어내는 세상이 너무 파편적이고 왜곡되고 중복적이고 정상적 행동 규범을 개의치 않기에, 가족 구성원들은 자기도 모르게 광기의 일부가 되어간다. 하지만 임상가와 연구자들은 여전히 보호자의 마음과 환자의 마음, 정상인과 비정상인을 뚜렷이 구분한다. 실은 그런 구분이 존재하지 않는다는 사실이야말로 보호자의 진짜 고충인데 말이다.* 자녀와 배우자는 사랑하는 사람의 인지 저하를 그저 목격하는 것이 아니라 그 일부가 되어 매일 매분 초현실적이고 암담한 현실을 살아간다.

브롱크스에서 지내는 동안과 그 이후에 치매 장애에 관한 많은 글을 읽었다. 의학 문헌을 읽었다. 치매 장애의 감정적 대가를 묘사한 보호자의 회고록을 읽었다. 치매 장애가 가족에게 침투할 때 생기는 사회·경제·이동 문제에 대한 학술논문을 정독했다. 치매 환자를 효과적으로 관리하고 상대하고 소통하는 법을 조언하는 실용 지침서를 참고했다. 하지만 이런 책들이 정보와 격려를 제공하고 치매 장애의 결과를 정확하게 묘사해도, 책과의 대화 속에 여전히 뭔가 빠졌다는 느낌이 들었다.

우리는 알츠하이머 환자에게서 비합리적 행동과 판단 착오를 예상한다. 하지만 보호자 본인에게서 당혹스러운 행동을 목격하면 종종 어리둥절해한다. 많은 보호자는 자신이 돌보는

---

* 나는 '환자'라는 용어를 '치매를 앓는 사람'의 줄임말로 쓴다. '치매를 앓는 사람'이라고 말하지 않기 위해서다. 이렇게 쓰더라도 전문 의료인이 아닌 이에게 돌봄받는 사람의 지위는 전혀 달라지지 않는다. 인격이 인지 장애에 의해 규정된다는 뉘앙스도 전혀 들어 있지 않다. ─원주

사람의 부정, 저항, 왜곡, 부조리, 인지 오류를 그대로 답습한다. 실제로 보호자는 환자가 아프다는 사실을 뻔히 알면서 스스로 보기에도 역효과를 내는 행동을 하고 만다. 언쟁하고 비난하고 현실을 지적하고 증상을 개인적으로 받아들이는 것이다. 보호자는 '건강'하기 때문에 우리는 그들이 합리적으로 행동할 거라고 추정한다. 그래서 그들이 치매 장애를 받아들이거나 적응하지 못하는 것을 개인의 결점처럼 느낀다.

전통적으로 신경학적 사례 연구는 '비정상' 뇌와 이런 뇌가 환자에게 미치는 영향에 초점을 맞췄다. 하지만 환자와 가장 가까운 사람들은 어떠한가? 신경 질환을 대면했을 때 나타나는 그들의 반응, 그들의 분투, 그들의 혼란도 인간 마음의 작동에 대해 시사하는 바가 있지 않을까? 어쨌거나 '정상' 마음은 존 로크가 주장했던 것처럼 백지가 아니다.* 이제 우리는 그 마음이 본능, 욕동慾動, 욕구 그리고 자신과 타인에 대한 직관으로 가득하다는 걸 안다. 뒤에서 말하겠지만, 치매를 이해하고 관리하는 데 걸림돌이 되는 것은 바로 이 인지 성향이다.

기억이 사라질 때, 성격과 행동이 달라질 때 우리는 누구를 마주하고 있는 걸까? 신경병이 뇌에 영향을 미칠 때 우리의 기대는 어떻게 달라질까? 환자를 다르게 대하는 것이 옳을 때는 언제일까? 그러다보면 정체성, 자유의지, 의식, 기억, 심신 연결 등 철학자와 심리학자들이 제기하던 문제가 보호자의 일

---

* 영국 철학자 존 로크는 인간은 백지 상태로 태어나며 이후 경험을 통해 관념을 형성해나간다는 백지설을 주장했다.

상에 불쑥 끼어든다.

더는 스스로를 보살필 수 없는 사람들을 이해하고 치료하는 데 건강한 뇌의 인지 편향과 철학적 직관이 어떤 영향을 미치는가를 나는 탐구하고자 한다. 따라서 나의 사례 연구는 언제나 환자와 보호자 모두를 대상으로 한다. 그들은 부지불식간에 손잡고 치매에 대한 오해를 일으킨다. 나는 인지 연구와 신경 연구에 나 자신의 경험을 접목하여 환자와 보호자 양쪽이 치매로 인한 실존적 딜레마에 어떻게 대응하는지 보여주고 싶다. 마음의 숨겨진 작동 방식을 새롭게 엿보는 방법은 환자와 보호자가 치매 장애와 어떻게 씨름하는지 들여다보는 것이기 때문이다.

브롱크스로 이사하고 14개월 뒤, 케슬러 씨를 시 일자리센터에서 파견한 전업 간병인에게 맡기고 떠났다. 대학원에 가야겠다는 생각이 들지 않아서 맨해튼으로 돌아갔다. 그곳에서 가족을 돌보느라 감정적 고충을 겪는 사람들을 위한 모임의 지도자가 되기 위해 훈련을 받았다. 이런 모임은 보호자들이 생각과 고충을 나누는 피난처다. 비슷한 상황을 살아내는 사람들에게 이해받을 수 있기 때문이다. 그러다 어느 알츠하이머병 단체의 자조 모임 자문 임상 이사가 되었고, 모임 지도자를 훈련하고 감독하면서 나 스스로도 모임 지도자 일을 계속했다.[*]

---

[*] 내가 상담한 사람들의 익명성과 사생활을 지키기 위해 이름과 신상 정보를 바꿨으며, 경우에 따라서는 사례 연구에 등장하는 날짜도 고쳤다. ―원주

이 분야에 오래 몸담을수록, 보호자들에게서 더 많은 것을 배울수록 '건강한' 뇌가 치매 장애를 감당하도록 진화하지 않았다는 확신이 커졌다. 한 보호자가 촌철살인을 남겼다. "보호자는 화성의 인류학자 같아요." 올리버 색스의 유명한 사례 연구에서 자폐증을 앓는 여성 템플 그랜딘[12]이 스스로를 인류학자로 묘사한 장면에 빗댄 말로, 다른 사람들에게는 쉽게, 심지어 무의식적으로 이해되는 것이 그랜딘 자신에게는 낯설게 느껴진다는 뜻이었다. 남들이 본능적으로 하는 행동을 그랜딘은 연구하고 배워야 했다. 보호자 역시 화성에 떨어진 신세이지만 그랜딘과는 정반대 문제를 겪는다. 치매 장애가 만들어내는 환경에서는 우리의 사회적 본능이 더는 쓸모가 없다. 오히려 역효과를 낸다. 우리의 뇌는 보호자와 환자 사이의 모든 오해, 언쟁, 비난이 가리키는 문제를 해결할 능력이 없다. 늘 써먹던 무의식적 편향과 가정이 이제는 우리를 헤매게 한다.

시간, 질서, 연속성의 규칙을 보란듯 무시하는 사람과 살아가는 것은 결코 간단한 일이 아니다. 그렇기에 뻔한 조언이나 위로의 교훈을 건네기보다는 불통의 원인을 규명하여 보호자의 부정, 분노, 좌절, 무력감을 정상적 반응으로 규정하고자 한다. 이렇게 하면 그들의 분투에 정당성을 부여할 수 있을 것이며 불가능한 이상에 도달하지 못해 찍힌 낙인을 지울 수 있을 것이다.

환자는 상실된 부분을 만회할 수 있는 한 만회하기 때문에 보호자는 치매 장애를 목격할 뿐 아니라 치매 장애에 맞서는 사람도 목격한다. 우리는 환자가 인격체임을 인정하면 더 나은 보호자가 될 거라고 가정한다. 물론 이 말은 참이다. 자신이 생각과 느낌을 가진 인간을 대하고 있다는 사실을 결코 망각해서는 안 된다. 하지만 오래 지속되는 관계에서는 치매 환자를 인격체로 인정하려다 정작 자신의 감정이 뒤숭숭해지고 환자의 증상을 개인적으로 받아들이게 된다는 것 또한 참이다. 그래서 우리는 아내를 모자로 착각하는 남자를 이해하는 법을 배워야 할 뿐 아니라, 아내를 모자로 착각하는 남편에게 적응해야 하는 아내를 이해하는 법도 배워야 한다.

요즘은 보호자들을 만난 후 저녁에 귀가하는 길에 그들에게서 들은 말을 생각한다. 그들의 삶, 그들이 맞닥뜨리는 문제, 매일 매시간 행동을 수정해야 하는 고충을 상상하려고 애쓴다. 색스 박사가 자신의 환자들을 "상상을 뛰어넘는 나라를 여행한 사람들"이라고 묘사한 구절이 떠오른다. "만일 그들이 가르쳐주지 않았다면 우리로서는 그런 불가사의한 나라가 있으리라고는 상상도 못했을 것이고 꿈도 꾸지 못했을 것이다." 나는 이렇게 맞장구치고 싶어진다. "그들과 여행해야 하는 보호자들도 잊지 말자고요." 그 이유는 이렇다. 보호자가 들려주는 이야기를 듣는다면, 그들의 슬픔과 분투, 결의에 대해 알게 된다면 당신도 색스 박사가 자신의 환자들에게 비춘 공감의 빛으로 그들을, 또는 자신을 볼 수 있을 것이기 때문이다. 말하자면 신화의 전형적 등장인물처럼, "영웅, 희생자, 순교자, 전사"[13]로 말이다.

1장 브롱크스의 보르헤스

왜 우리는 알츠하이머 환자가 잊는다는 걸 기억하지 못할까

1887년 어느 날, 한 청년이 말에 안장을 얹고서 밖으로 나간다.[1] 말이 겁먹었는지 발을 헛디뎠는지 청년을 땅에 세게 내동댕이친다. 그는 기절한다. 의식이 돌아왔을 때는 자신이 가망 없는 불구가 된 것을 알게 된다. 우루과이 남서부에 있는 아담한 목장으로 돌아와 지내고 있던 청년에게 어느 날 밤 예전에 알고 지내던 작가가 찾아온다. 청년은 어둠에 잠긴 채 간이침대에 누워 담배를 피우며 새된 목소리로 라틴어 책을 암송하고 있다. 안부 인사를 주고받은 뒤, 이레네오 푸네스라는 이름의 이 청년은 낙마 사고의 또 다른 결과를 언급한다. 그는 지금 완전한 기억력을 가진 듯하다. 물체의 형태에서 그림자까지 모든 것이, 모든 경험과 그 경험에 대한 느낌이 차곡차곡 정확히 정리되어 있다. 그

는 "각 산에 있는 각각의 나무에 달린 나뭇잎을 하나하나 기억했을 뿐 아니라, 그것들을 지각하거나 상상했을 때 느낀 각 순간의 인상마저도"[2] 기억할 수 있다. 어떤 언어든 몇 시간이면 익힐 수 있고 꿈을 모조리 재구성할 수 있으며 실제로 하루를 통째로 시시각각 재구성했다. 그가 작가에게 말한다. "나 혼자 지니고 있는 기억이 이 세상이 생긴 이래 모든 인간이 가졌을지도 모르는 기억보다 더 많을 거예요."[3]

두 사람은 밤새도록 이야기한다. 해가 뜨자 작가의 눈에 처음으로 푸네스의 얼굴이 들어온다. 그는 "이집트보다 더 오래되고 예언서나 피라미드보다 더 이전에 만들어진 동상처럼"[4] 보인다. 문득 작가는 완전한 기억, 결코 망각을 허락하지 않는 기억, 기억의 목적 자체를 문제삼는 기억을 가지는 대가를 알아차린다.

컬럼비아대학교에서 케슬러 씨가 사는 브롱크스 동네까지 가려면 지하철 1호선을 타고 231번 스트리트에 가서 버스로 갈아타야 한다. 40분가량 걸리는데, 시 외곽으로 처음 나가는 길에 내가 실수한 것이 아닌지 곱씹기에는 충분한 시간이다. 내가 정말 아흔여덟 먹은 노인을 돌보려고 대학원을 그만뒀단 말이야? 나는 임시방편일 뿐이라고, 아들 샘이 더 영구적인 해결책을 찾을 때까지 잠깐만 보살피면 된다고 혼잣말을 했다. 하지만 몇 주가 지나고 케슬러 씨가 혼란과 감정 폭발 때문에 몇 번이나 평정심을 잃자 나도 점차 그의 싸움에 말려들었다.

그는 명석함과 혼미함 사이를 때로는 몇 분 만에 오락가락했다. 그래서 샘 같은 보호자가 왜 중증 기억상실증을 받아들이는 것은 고사하고 인정하는 것조차 저렇게 힘들어하는지 의아했다.

아버지와의 관계는 샘이 스물한 살에 음악을 업으로 삼겠노라 선언한 뒤로 줄곧 삐걱거렸다. 그는 열두 살에 색소폰을 접했는데, 그 음색이 마음에 들었다. 아버지를 졸라 색소폰을 산 뒤에는 음반을 듣고 젊은 음악인들과 어울리면서 독학으로 연주법을 익혔다. 케슬러 씨는 샘이 집안에서 "소음을 일으키는 것"은 개의치 않았지만 음악이 결코 생계 수단이 될 순 없다고 생각했다. 일자리를 찾는 게 먼저이고 음악은 그다음이라는 것이었다. 하지만 샘은 일에 흥미가 없었다. 테너 색소폰을 연주하는 것이 자신의 일이라고 아버지에게 말했다. 케슬러 씨가 쏘아붙였다. "그게 무슨 놈의 일이냐? 사무실에서 일해야지. 어른이 되거라. 낮에 자고 밤새 깨어 있는 건 어른이 아냐."

하지만 샘은 밤을 지새우기 일쑤였다. 여러 밴드에 몸담아 이 클럽 저 클럽을 전전하며 입에 풀칠할 정도로만 벌었다. 샘이 재즈의 의미를 설명하려 하면 케슬러 씨는 고개를 내두르며 중얼거렸다. "주둥아리만 살아가지고는." 그의 근심거리는 아들의 삶이 불안정하고 진로가 불확실하며 결혼이 불가능하다는 것이었다.

케슬러 씨는 홀로코스트 생존자로, 확신과 취약함, 순진함과 고집이 묘하게 섞여 있었다. 그는 모든 것을 아는 사람처럼 행동했는데, 한때 알던 모든 것을 우악스럽게 빼앗긴 탓인지도 모르겠다. 많은 생존자가 자녀에게 사활을 거는 것도 이 때문일 것이다. 그들에게는 자녀를 낳는 것이 일종의 복수요, 나치에 맞서는 일종의 저항이었다. 케슬러 씨가 이런 뉘앙스를 풍긴 적은 한 번도 없었지만, 자신이 생각하는 정상적인 삶, 자신이 겪은 운명의 장난을 겪지 않는 삶을 아들이 영위하길 무엇보다 바란 데는 그런 이유도 있지 않을까.

어느 날 샘이 털어놓았다. 다른 주에 있는 대학에 진학해 음악에 전념한 것은 자신을 짓누르는 아버지의 근심에서 벗어나기 위해서였다고. 하지만 샘은 달아날 수 없었다. 완전히 벗어날 수는 없었다. 케슬러 씨는 아들이 인생을 낭비하고 있다고 철석같이 믿었다. 하지만 샘은 아버지의 기대가 부담스럽기는 해도 다른 한편으로는 아버지에게 인정받고 싶었다. 아버지가 자신에게 고통을 주는 게 원망스러웠지만 자신이 실패작이라는 느낌이 드는 것도 싫었다. 하지만 어떻게 아버지를 이해시킬 수 있을까? 한쪽은 규칙을 믿었고 다른 쪽은 규칙에 의문을 품었다. 한쪽은 상투적 조언과 관행에서 피난처를 찾았고 다른 한쪽은 그 때문에 질식할 것 같았다. 이런 탓에 케슬러 씨가 애정과 관심을 표현할 수 있는 방법은 오로지 훈계와 책망뿐이었고 샘이 스스로를 보호할 수 있는 방법은 오로지 아버지의 알량한 세계관에 부딪치는 것뿐이었다.

돌봄을 주제로 한 문헌이 이렇게나 많은데 오랜 역학 관계를 지속하거나 악화시키는 치매의 이 기묘한 행태가 이토록 조명받지 못한 것은 놀라운 일이다. 실제로 치매 지침서에서 언급하기 꺼리는 치매 장애의 가장 고약한 특징 중 하나는 증상이 상호 악순환을 일으키는 행동의 목록과 종종 일치한다는 것이다. 지침서들은 고집, 집착, 방어, 의심, 끊임없는 불안, 부조리, 시비, 노골적 현실 부정을 각오하라고 보호자에게 경고하는데, 물론 마땅히 해야 할 경고다. 문제는 이런 행동을 친숙한 골칫거리가 아니라 치매 장애 증상으로만 간주한다는 것이다. 물론 증상인 것은 맞다. 하지만 가족 관계를 늘 괴롭히던 골칫거리이기도 하다.

샘에게 아버지의 행동은 예순 살일 때나 백 살 가까이 먹은 지금이나 똑같이 짜증스러웠다. 아버지의 행동 중에서 가장 부아가 치미는 것은 제일 위험할 수도 있는 행동이었다. 그것은 전기 제품과 전등을 만지작거리는 최근에 붙은 습관이었다. 나는 아래와 같은 대화를 일주일에 한 번 이상 들었다.

샘: 방에 있는 전등 고치려 하지 마세요. 위험하다고요.

케슬러 씨: 전등 안 건드린다. 무슨 말을 하는지 모르겠구나.

샘: 전등과 전선을 만지시잖아요. 그러다 손 베여요.

케슬러 씨: 전선 절대 안 만진다. 내가 무슨 전선을 만졌다고 그러냐?

샘: 토 달지 마세요! 그냥 시키는 대로 하시라고요. 다 아버지를 위해서예요.

케슬러 씨: 내가 언제 토를 달았다고 그러냐?

샘: 늘 그러시잖아요. 늘 말썽을 부리시잖아요!

케슬러 씨: 내가 말썽을 일으킨다고 말하는 사람 아무도 없다.

샘: 바로 지금 말썽 부리고 계시잖아요!

케슬러 씨: 어떻게? 내가 어떻게 말썽을 부리고 있는데?

샘: 제 말을 듣지 않으시네요. 계속 시비 걸고 토 달면 아버지 보러 안 올 거예요.

케슬러 씨: (걱정스러워져) 안 그러마. 네 말을 다 듣겠다고 약속하마.

샘: 좋아요. 이제 침실 전등 그만 건드리겠다고 약속하세요. 제 말 따라 하세요. "전등을 건드리지 않겠습니다!"

케슬러 씨: (화가 나서) 전등은 절대 안 건드린다. 무슨 전등 말하는 거냐?

샘: 젠장맞을. 토 좀 그만 달아요!

케슬러 씨: 내가 언제 토를 달았다고 그러냐?

이 말다툼을 매번 다른 버전으로 들을 때마다 아버지와 아들 둘 다에 대한 보호 본능이 파도처럼 밀려들었다. 치매는 두 사람이 서로를 벌하는 것과 똑같은 방식으로 두 사람을 벌하고 있었다. 케슬러 씨는 말다툼에 대해 금세 잊었지만 샘의 마음속에는 응어리가 쌓여 좌절과 분노가, 그리고 죄책감도 끓어올랐다. 샘이 화를 못 참았다고 자책할 때면 나는 두 사람 모두를 실망시켰다는 느낌이 들었다. 케슬러 씨의 고충을 맞닥뜨렸을 때 느끼는 무력감에는 익숙해졌지만, 샘에게는 틀림없이 도움이 되어줄 수 있을 것 같았다.

어느 날 여느 때처럼 심한 싸움이 벌어진 후, 나는 샘을 한 쪽으로 데려가 건강한 뇌와 치매에 걸린 뇌의 사진을 보여주었다. 치매 뇌는 해마가 정상 크기의 절반으로 쪼그라들어 있었다. 색을 입힌 사진을 들여다보는 샘의 표정이 어두웠다. 치매 뇌의 음영 부위를 보고서 충격을 받은 것이 틀림없었다. 더는 아버지가 수십 년간 자신과 싸우던 그 사람이 아니라는 명백한 증거가 여기 있었다. 하지만 사진을 들여다본 지 고작 한 시간 뒤, 샘은 또다시 아버지와 서로 고함을 질렀다.

나는 이 일에서 교훈을 얻었다. 케슬러 씨와의 친밀한 순간을 가까움의 시금석으로 착각한 것과 마찬가지로, 샘의 일시적인 현실 인식을 장기적 이해로 착각한 것이었다. 실은 샘의 얼굴에 침울한 깨달음의 표정이 스쳐지나갈 때마다, 모진 말을 만회하려고 아버지의 손을 지그시 잡을 때마다 그가 마침내 현실을 받아들인 줄 알았다. 하지만 케슬러 씨는 어김없이 또 화를 돋우는 말이나 행동을 했고, 내 마음속에서는 똑같은 불신이 부풀어올랐다. 아버지의 상태를 놓고 샘과 나눈 대화는 없던 일이 되어버렸다. 매일 백지에서 새로 시작하는 기분이었다. 이따금 궁금했다. 기억상실증으로 더 큰 고통을 겪는 쪽은 샘일까, 아버지일까?

하지만 잘못은 샘이 아니라 내게 있었다. 수많은 정신 건강 전문가들이 간과하는 것을 나도 간과하고 있었다. 건강한 뇌의 인지적 한계 말이다. 물론 '건강한' 마음을 병든 마음의 반대로 정의하는 것은 지극히 자연스럽다. 하지만 현실에서 돌봄을 고역으로 만드는 것은 정상적으로 기능하는 뇌와 손상된 뇌의 구분이 언제나 명확하지는 않다는 사실이다. 둘 다 같은 종류의 부정과 왜곡을 일으킬 수 있다.

심리학자 대니얼 L. 샥터는『도둑맞은 뇌』에서 기억이 오류를 저지르는 패턴을 보여준다.[5] '편향' '오귀인' '피암시성' 같은 오류는 기억을 왜곡시키고 '소멸'과 '정신없음' 등은 기억을 흐릿하게 한다. 우리는 평소에 자신이 언제 오류를 저지르는지 신경쓰지 않지만 자신이 이따금 잊어버린다는 사실은 안다. 그러나 우리가 좀처럼 자각하지 못하는 것이 있는데, 그것은 기억상실증을 만회하려고 동원하는 보상 전략이다. 망각이 일어나면 마음은 무작정 포기하는 게 아니라 점을 잇는 서사를 지어낸다. 그러다 또다른 오류를 저지를지도 모르지만 더 중요한 무언가를 만들어낼 수도 있다. 그것은 우리가 세상을 헤쳐나가도록 방향을 일러줄 의미 있는 얼개다.

기억의 역할 중 하나는 환경에 질서를 부여하는 것,[6] 즉 과거를 조직화하고 재조직화하여 일관된 것처럼 느껴지게 하는 것이다. 대니얼 샥터는 우리가 기억을 끄집어낼 때 과거에 스포트라이트를 비추어 과거 사건들을 실제 일어난 것처럼 불러내는 게 아니라고 설명한다.[7] 우리가 과거 경험을 재구성하는 바탕은 과거에 일어난 일의 **일부** 요소, 과거에 일어났을 **법한** 일에 대한 전반적 감각, 현재의 믿음과 느낌이다. 이 과정은 어떻게 일어날까? 경험은 '기억 흔적engram'이라는 생화학적 변화의 연쇄로서 뇌에 저장되는 것이 분명하다.[8] 부호화, 즉 정보를 저장하는 각각의 최초 행위는 매우 선별적이다. 정보를 부호화할 때 우리는 이전 경험이나 이미 알고 있는 내용이나 그 순간의 마음 상태에 부합하는 정보를 무의식적으로 선택한다. 같은 경험을 놓고 사람마다 전혀 다르게 인식하고 회상하는 것은 이 때문이다.

게다가 우리는 경험을 떠올릴 때 단순히 컴퓨터가 기억 장치 속 정보 조각에 접근하듯 기억 흔적에 접근하는 것이 아니다. 기억을 촉발하는 실마리(냄새, 기분, 소리, 장면)가 뇌에 저장된(이전에 선택된) 조각을 변화시켜 새로운 조각을 만들어내기도 한다. 기억은 과거와 현재의 합작품인 셈이다. 하지만 샥터 말마따나 이 과정은 우리와 잘 맞지 않는다. 우리는 뇌에 저장된 사건(기억 흔적)과 우리가 기억하는 것이 "일대일 대응"[9]한다고 직관적으로 믿지만, 실상은 결코 그렇지 않다. 샥터에 따르면 사건의 기억은 "단지 활성화된 기억 흔적이 아니라 실마리와 기억 흔적의 공동 기여로부터 생겨나는 독특한 패턴"[10]이며 우리가 스스로에게 설명하는 자전적 서사는 이것으로부터 만들어진다.

몇몇 서사는 신경이 손상되어도 놀라운 회복력을 발휘한다. 알츠하이머병을 비롯한 치매에 걸리더라도 자아상을 형성하는 '성격 지식'은 쉽사리 손상되지 않는다.[11] 하지만 이 자아상을 새로 고치는 능력은 영향을 받는다. 그래서 샘이 케슬러 씨가 너무 많이 먹는다고 말했을 때—알츠하이머 환자에게서 흔히 나타나는 성향이다—케슬러 씨는 반사적으로 "말도 안 돼!"라고 대답했다. 무엇이든 적당히 하는 사람으로 자부하며 살았기 때문이다. 같은 질문을 묻고 또 묻지 좀 말라고 샘이 사정해도 케슬러 씨는 그러지 않았다고 부정했다. 여전히 자신은 누구도 성가시게 하지 않는 사람이라고 생각했기 때문이다. 간병인인 나에게 소리지르지 말라고 샘이 부탁하자 케슬러 씨는 대뜸 역정을 냈다. "무슨 소리! 난 누구와도 잘 지낸다."

하지만 이 부정은 알츠하이머병의 결과였을까, 기억이 오래된 수법을 동원한 결과였을까? 보호자에게 이런 모호함은 피할 수 없는 현실이다. 알츠하이머병에 걸리면 이미 불완전해진 기억의 신뢰성이 더 낮아져 일반적 건망증과 병적 기억상실증이 명확히 구별되지 않는다. 하지만 건망증이 점점 잦아지고 심해지더라도 보호자가 병증을 알아차리기는 여전히 힘들다. 서사를 지어내려는 환자의 충동이 여전히 작동하기 때문이다.

케슬러 씨는 가족과 집을 잃은 경험 때문인지 선한 사람으로서의 자아상, 도움을 필요로 하기보다는 도움을 베푸는 사람으로서의 자아상을 형성해야 했다. 자신이 자립적이고 도덕적으로 올곧다는 확신은 그에게 안녕감을 선사했으며 삶의 우여곡절에 대처하는 데 힘이 되어주었다. 그런 탓에 자신이 남을 힘들게 한다는 책망을 듣자 늘 자신에게 이롭게 작용한 확신과 편향에 자연스럽게 의지했다. 여느 사람과 마찬가지로 그는 기억의 "자기중심적 편향"[12] 덕을 보았다. 이 편향은 자신을 좋은 사람으로 보이게 하는 사건에 집착하고 그러지 않는 사건은 편집한다. 결국 우리가 스스로에게 들려주는 이야기는 경험 자체보다 솔깃하고 생생하고 끈질기다.

케슬러 씨가 기억상실증을 능숙하게 무마하고 만회하는 것을 보고서 호르헤 루이스 보르헤스의 단편소설 「기억의 천재 푸네스」가 떠올랐다. 소설에서 동명의 주인공은 모든 것을 기억하는 인물이다. 이것은 처음에는 엄청난 인지적 이점처럼 보이지만 어떤 면에서는 기억상실증보다 불리하다. 푸네스는 잊지 못하기에 기억의 오류들로부터 자유롭다. 그런데 이 오류들은 결점처럼 보이지만 실은 우리가 세상을 헤쳐나가게 도와주는 적응적 요소다. 경험을 고스란히 간직하지 못한다는 바로 그 이유 때문에 우리 마음은 경험을 요약하여 가치, 교훈, 의미를 뽑아내야겠다고 생각한다. 하지만 푸네스는 완벽한 기억력을 가졌기에 그런 조바심을 전혀 느끼지 않는다. 그에게 세상은 그냥 존재한다. 하나하나의 생각, 장면, 소리가, 하나하나의 경험이 즉각적으로 영영 고정된다. 현실적 의미에서 푸네스는 기억의 노예다. 사실들을 자잘하기 이를 데 없이 정확하게 쌓아 끝없이 불릴 뿐 결코 형체를 부여하지 못한다.

보르헤스는 인지심리학자들보다 반세기 앞서 기억의 성격에 대한 기본적 사실을 간파했다. 인간의 기억은 정확하게끔 설계되지 않았다. 테이프처럼 사건을 기록하는 게 아니라 우리가 세상을 이해할 수 있도록 사건을 재구성한다. 푸네스와 달리 케슬러 씨는 기억하는 능력은 잃었을지 몰라도 색스 박사가 말하는 "기억이, 그리하여 경험이 순간순간 달아날 때의 연속성, 서사적 연속성"[13]은 여전히 보여줄 수 있었다.

하지만 환자가 질병에 대처하도록 돕는 그 능력이 보호자를 분통 터지게 한다. 알츠하이머병이 케슬러 씨로부터 더 많은 것을 앗아갈수록 그는 자신을 정당화하는 서사에 더욱 매달리고 자신의 자아상과 모순되는 것이라면 뭐든 부정했다. 샘은 이 부정을 해마 위축의 부작용으로 여기지 않았다. 아버지의 전형적인 자기 인식 결여를 보여주는 증거라고 생각했다. 물론 샘이 기억상실증을 인정하지 못한 데는 자신의 편향도 한몫했다.

기억은 기존 지식에 치우치는 편향이 있기 때문에[14] 누구나 현재를 과거와 비슷하게 보이도록 '편집'한다. 아버지가 어떤 새로운 증상을 나타내든 샘의 기억은 아버지의 행동을 자신이 알던 그 사람과 더 비슷해 **보이도록** 끼워맞췄다. 이렇듯 환자의 편향과 보호자의 편향이 힘을 합쳐 치매 장애가 실제보다 덜 침투한 것처럼 보이게 한다.

애석하게도 다른 사람 눈에 치매 장애가 똑똑히 보이는 때는 환자가 정말로 무력해지고 결손을 만회하지 못하게 되었을 때뿐이다. 어느 날 밤 샘이 아버지 집에 자러 왔다가 아버지가 복도에서 전화기에 손을 뻗는 광경을 보았다.

"누구한테 전화하세요?" 샘이 물었다.

"우리 아들한테." 케슬러 씨가 대답했다.

"예? 그럼 저는 누군데요?" 샘이 말했다.

"넌 샘이잖아." 케슬러 씨가 말했다. 그는 모순을 전혀 알아차리지 못한 채 아들의 바보 같은 질문에 키득거렸다. 그러고는 번호를 마저 눌렀다.

샘은 한동안 넋 나간 표정이었다. 그러다 아버지에게 다가가 살며시 수화기를 내려놓았다. 그의 얼굴에 떠오른 표정은 내가 알고 싶은 모든 것을 말해주었다. 자신이 어쩔 수 없는 무언가가 일어나고 있음을 마침내 깨달은 것이었다. 아버지는 샘이 따라갈 수 없는 어딘가로 떠났다. 병을 이겨낼 수 있도록 아버지를 (또한 자신을) 도우려면 체념하고 받아들여야 하는 곳으로.

그때 이런 생각이 들었다. '그래, 저거야. 이제 깨달았구나.'

하지만 그렇지 않았다. 완전히 깨달은 것은 아니었다. 케슬러 씨가 예전 모습으로 돌아가자 샘의 깨달음은 흐릿해졌으며 두 사람의 옛 역학 관계가 되살아났다.

케슬러 씨의 알츠하이머병이 진행되면서 아버지와 아들의 역할이 바뀌었다. 이제 걱정하는 쪽은 샘이었다. 예전에 아버지가 그랬던 것처럼 샘은 아버지 곁을 떠나지 않고 시시콜콜 간섭했으며 삶이 정상적이어야 한다고 닦달했다. 이제 자신을 내버려두라고 요구하고 독자성을 주장하고 자신의 행동이 합리적임을 입증하겠노라 단단히 마음먹은 것처럼 보이는 쪽은 케슬러 씨였다. 한때는 케슬러 씨가 샘에게 깐깐하게 굴었지만 이제는 아들이 아버지에게 깐깐하게 굴고 있었다.

많은 성인 자녀가 그렇듯 샘은 자신이 알던 사람이 사라져가는 광경을 감당하기 힘들었다. 가족을 전쟁에서 잃고 아내를 암으로 잃은 케슬러 씨가 이제 그들을 기억에서조차 또다시 잃는다는 건 부당해 보였다. 그래서 아버지가 그들을 간직할 수 있도록 자신이 할 수 있는 일을 했다. 아버지에게 찾아오는 날이면 백 번은 들었던 똑같은 이야기에 끈기 있게 귀를 기울였다. 아버지가 바르샤바에서 사랑하는 사람들에게 둘러싸여 지낸 시절을 떠올리도록 하면서 보람을 느꼈다. 샘이 가장 행복해 보인 것은 그 순간, 아버지가 느긋해지고 아들의 돌봄을 받아들이는 순간이었다.

알츠하이머병은 갈등을 증폭할 수 있는 것과 똑같은 방식으로 애정과 다정함을 가져다줄 수도 있다. 언쟁이 멈추는 순간, 반쯤 잠든 케슬러 씨가 팔을 뻗어 아들의 손을 잡는 고요한 순간이 그런 때였다. 위로나 억제 완화의 욕구가 커졌기 때문인지, 환자를 돌보려면 접촉이 필요하기 때문인지 어떤 사람들은 알츠하이머병이 발병한 뒤에 신체적 애정을 더 적극적으로 표현한다.

어느 일요일 오후 평소와 다른 일이 일어났다. 샘이 아버지를 면도해주겠다고 나선 것이다. 케슬러 씨는 처음에는 마다했지만 손이 떨리는 것을 느끼고는 마지못해 승낙했다. 그렇게 샘은 욕조 앞에 걸상을 놓고 케슬러 씨를 앉혔다. 아버지의 얼굴에 면도 거품을 바른 뒤 일회용 면도기를 집었다. 나는 문가에서 두 사람을 지켜보고 있었는데, 케슬러 씨는 손가락의 온기와 면도기의 감촉을 느끼고부터는 면도를 음미하기 시작했다. 샘은 아버지가 자신의 보살핌에 대한 만족감을 꾸밈없이 드러내는 것을 보면서 뿌듯해했다. 면도가 끝나자 케슬러 씨가 껄껄거리며 말했다. "이발사가 따로 없구나. 돈을 내야겠는걸." 그런 다음 샘이 면도 거품을 닦아내자 케슬러 씨는 아들에게 기대어 신음소리를 냈다. "아으, 좋다."

케슬러 씨는 이 순간을 잊었지만 샘이 "시원하게 면도 한판 어때요?"라고 말할 때마다 냉큼 신문을 내려놓고 샘을 따라 욕실에 들어갔다. 샘이 아버지와 함께할 수 있는 그 15분을 고대한다는 것을 알 수 있었다. 그렇기에 면도중에 케슬러 씨가 샘에게 "돈을 내야겠는걸"이라고 말한 뒤 대수롭지 않게 덧붙인 말이 더더욱 충격적이었다. "돈 필요하지. 안 그래? 배고픈 취미잖아."

기겁한 샘은 친숙한 분노가 솟구쳐오르는 것을 느껴 재빨리 욕조에서 물러섰다.

케슬러 씨는 영문을 모른 채 고개를 돌려 물었다. "무슨 일이냐? 왜 멈췄어?"

샘은 아무 말도 하지 않았다. 무덤덤하게 다시 면도를 시작했다.

알츠하이머병은 케슬러 씨의 자아상을 고스란히 남겨두었을 뿐 아니라 아들에 대한 낡은 이미지도 간직했다. 샘이 젊고 고생하던 시절로부터 30년 가까이 지났건만 케슬러 씨는 여전히 아들의 진로를 걱정하던 과거를 살아가고 있었다. 알츠하이머병이 이 단계에 이르자 케슬러 씨가 하는 말이 병 때문인지 선별적 기억 때문인지 알기 힘들어졌다. 어쨌거나 기억상실증이 기존의 왜곡된 현실 감각과 공모하는 것은 드문 일이 아니다. 이 모든 이야기를 들려준 후에 샘은 내가 많은 보호자에게서 듣게 될 한마디를 꺼냈다. "아버지는 당신이 기억하고 싶어하는 건 기억하세요."

그뒤로 나는 보호자들의 수많은 분노를 맞닥뜨렸다. 환자가 인식을 잃었다 찾았다 할 때마다 보호자의 분노가 끊임없이 재점화되는 것은 샘만의 일이 아니었다. 관계가 틀어졌을 때 보호자는 문제가 여전히 해결되지 않은 채 누군가를 잃는 고통을 받아들이기보다는 분노에 매달린다. 이것은 법칙에 가깝다. 내려놓기 꺼리는 마음은 알츠하이머병에 의해 가중된다. 환자의 행동이 모호해지는 탓에 보호자가 자신의 슬픔을 대면하지 못하기 때문이다.

어느 날 저녁 샘이 아버지를 침대에 누이는데 케슬러 씨가 아들을 올려다보며 나직이 말했다. "당신 누구요?"

샘이 놀라서 대답했다. "아들이잖아요."

케슬러 씨가 의아하다는 듯 물었다. "누구 아들이요? 언제부터 우리 아들이었어요?"

"글쎄요. 62년쯤 된 것 같네요." 샘이 놀라움과 즐거움을 동시에 느끼며 말했다.

케슬러 씨의 눈동자가 커졌다. "62년 동안 내 아들이었으면서 그걸 이제야 말하다니!"

샘이 웃음을 터뜨렸다. "그러게요. 이따금 깜박하거든요."

아들이 웃는 모습을 보고서 케슬러 씨도 덩달아 웃었다.

나중에 샘이 시무룩한 표정을 지은 채 부엌으로 나를 찾아왔다. 그는 이렇게 중얼거렸다. "난 얼간이예요. 왜 그동안 아버지와 언쟁을 벌였을까요? 내가 누구인지도 모르시는데 말이에요."

하지만 그가 언쟁을 벌인 이유가 바로 그거였다. 그는 아버지가 무엇을 아는지 몰랐다. 어쨌거나 퇴행성 장애가 나타나면 사람과 사건에 대한 환자의 기억은 그저 달아나는 것이 아니다. 기억은 뇌에 저장되는 부위만 다른 것이 아니라 종류도 여러 가지다. 사람, 장소, 사물, 사건 같은 정보를 간직하는 **명시적** 기억이 있는가 하면 기술, 습관, 전문성, 음악, 선호, 정서적 연상을 간직하는 **암묵적** 기억도 있다.[15] 어떤 실험에서 건망증 환자에게 악수와 함께 전기 충격을 가했는데, 이튿날 그들은 누구와 악수했는지 잊어버렸지만(**명시적 기억**) 그 사람과 악수하기를 주저했다(**암묵적 기억**).[16]

마찬가지로 치매 환자도 이름이나 관계는 기억하지 못할지언정 그 사람과 연관된 정서(사랑, 미움, 믿음)는 남아 있을 때가 많다. 이렇게 남은 것은 위로가 될 수도, 화를 돋울 수도 있다. 치매 환자가 발병 이전의 행동 양식과 일관되게 말하고 행동하는 것은 암묵적 기억 덕분이다. 이를테면 당뇨병 환자는 종종 식사 직후 몰래 과자를 먹는다. '몰래' 먹는 이유는 그것이 잘못된 일이고 들키면 낭패라는 걸 감지하기 때문이다. '몰래' 한다는 것은 인식한다는 뜻이므로 보호자는 환자를 혼내지 말아야 한다는 걸 알면서도 자신의 비난이 정당하다고 느낄 수 있다.

다시 말하지만, 우리는 환자가 어떤 것은 기억하고 어떤 것은 기억하지 못한다는 사실에 적응해야 하는 것 아닐까? 하지만 이것은 힘든 일이다. 우리 마음은 모호함을 싫어하며 환자의 기억이 오락가락하는 동안 우리가 보고 싶어하는 것을 보는 경향이 있다.[17] 아버지의 기억이 이따금 돌아올 때마다 샘의 반응이 이랬다저랬다 하는 것을 보면서 나는 보호자가 분통 터지고 혼란스러운 것은 환자의 기억 시스템이 없어서가 아니라 쪼개져서임을 깨달았다.

　소설 속 공상에 빠져 있다보면 잊기 쉽지만 「기억의 천재 푸네스」는 우루과이의 남다른 청년 이야기일 뿐 아니라 그와 밤을 지새우는 사람의 이야기이기도 하다. 화자는 '정상적' 기억력의 소유자이기에 처음에는 두 사람 사이에 가로놓인 간극을 알아보지 못한다. 하지만 금세 푸네스와의 의사소통이 거의 불가능하다는 사실을 알아차린다. 푸네스는 완전한 기억력 때문에 우리가 이해하는 방식으로 생각하지 못한다. 기억이 한 치의 오차도 없이 흐르기 때문에 과거와 현재를 구별하지 못한다. "3시 14분에 옆모습으로 보인 개가 3시 15분에 보인 개와 같은 이름이어야 한다는 사실"[18]을 정말로 못마땅하게 생각한다. '개'라는 일반명사가 "형태와 크기가 상이한 서로 다른 개체들을 포괄할 수 있다"라는 사실도 납득하지 못한다.

　감사하게도 우리는 푸네스가 아니다. 우리의 생각은 기억이 온전히 간직하지 못하는 세계를 이해하기 위해 개념과 범주를 활용한다. 하지만 푸네스는 기억력이 무한하므로 구체적인 것을 일반적인 것으로 바꿀 인지적 필요성을 전혀 느끼지 않는다. 그렇다면 기억은 기억하느냐 마느냐의 문제가 아니고 기억상실증은 잊느냐 마느냐의 문제가 아니다. 기억의 변경은 더하기와 빼기, 결손과 잉여를 넘어선다. 기억에 극적 변화가 일어나면 모든 것이 달라진다. 기억은 모든 것에 얽혀 있기 때문이다. 기억은 생각, 의사소통, 관계 맺기와 관계 이어가기, 연속성, 의미, 일관성 만들어내기에 이르기까지 삶의 모든 면에 결부되어 있으므로 기억이 사라진다는 것은 우리의 머리로는 도무지 이해할 수 없는 일이다. 남들에게 기억이 없다는 사실을 받아들일 인지적 얼개가 아예 존재하지 않는 것이다.

인간은 혼자 살아가도록 진화하지 않았으며 실제로 각자의 인지는 주변 사람들의 인지 능력에 의존한다. 그렇기에 한 사람의 기억이 손상되면 가까운 사람의 기억도 갈팡질팡한다. 우리에게는 사람들의 기억이 우리 기억처럼 작동하리라는 기대뿐 아니라 기억이 공유된다고 믿을 필요성도 있다. 이 가정이 없으면 우리는 애정이나 신뢰의 관계를 맺을 수 없으며 정반대로 적대감이나 두려움의 관계도 맺을 수 없다. 이 모든 감정은 진화의 관점에서 생존에 필요한 것이다. 기억에 대한 우리의 기대는 생물학적이기 때문에 우리는 기억이 사라졌음을 알 때조차 기억에 의존한다.

이를테면 케슬러 씨가 전등에 손대지 않겠다는 약속을 어길 때마다 샘은 납득하지 못했다.

샘은 이렇게 쏘아붙였다. "전선하고 콘센트 안 만지겠다면서요. 약속했잖아요!"

그러면 케슬러 씨는 으레 이렇게 대답했다. "무슨 소리냐? 그런 말 한 적 없다."

이 장면이 거듭거듭 펼쳐지는 것을 보면서 나는 아버지의 쪼그라든 해마 이미지가 샘의 기대를 결코 바꾸지 못한다는 사실을 깨달았다. 실제로 대부분의 보호자가 결국 꺼내는 말이 있다. "기억 안 나요?" 이 질문은 사실상 모든 사람을 당혹스럽게 한다. 보호자도 마찬가지인데, 환자가 기억하지 못한다는 것을 누구보다 잘 아는 사람이기 때문이다.

하지만 보호자가 기억에 대한 기대를 쉽게 버릴 수 있다고 가정하는 것도 부당하긴 매한가지다. '정상적' 기억의 작동 방식으로 보건대 우리가 잘 아는 사람의 기억상실증은 신경 결손이라기보다는 배신 행위처럼 느껴진다. 어쨌거나 환자가 기억을 잊어버릴 때 자신이 지워진 기분을 느끼고 자신의 말, 노력, 희생이 환자에게 인정받지 못하는 것을 넘어서서 부정당하는 느낌까지 받는 쪽은 보호자다. 가스라이팅당한다고 느끼는 보호자가 그토록 많은 것은 이 때문이다. 상대방의 기억이 우리의 기억과 어우러지지 않으면, 사실과 사건을 놓고 우리와 협력하지 않으면 우리는 무엇이 진짜인지, 무엇을 믿어야 하고 믿지 말아야 하는지 몰라서 안절부절못한다.

심지어 기억이 심하게 손상되지 않아도 사랑하는 사람의 회상에 배신감을 느낄 수 있다. 최악의 싸움은 공유하는 경험을 전혀 다르게 기억하는 것에서 시작되지 않던가? 기억의 존재 이유는 '객관적' 현실을 떠받치기 위해서가 아니라 의미 있는 서사를 지어내기 위해서다. 그러므로 다른 사람들의 기억이 내 기억과 같으리라고 보장할 수 없다는 말은 일리가 있다. 건강한 관계에서는 적잖은 서사가 공유되기에, 이따금 나타나는 불가피한 불협화음을 쉽게 이겨낼 수 있다. 하지만 애초에 건강하지 않은 관계에서는 기억의 편향과 변덕이 상대방의 현실과 자아감을 깨뜨리고 짓이기는 무기로 쓰일 수 있다.

알츠하이머병이 기묘하면서도 지독히 친숙한 것은 이 때문이다. 기억이 사라지면 서사가 더욱 필수적인 것이 된다. 경험의 잃어버린 공백을 메우기 위해서다. 보호자에 대한 경직된 인식, 보호자를 얕보는 인식이 서사에 들어 있다면 관계는 점점 위태로워질 수 있다. 기억이 상실되면 모호함만 생기는 것이 아니다. 성장, 복원, 석명, 매듭의 가능성도 낮아진다. 지금껏 서로 다른 현실에서 살았던 샘과 아버지에게 알츠하이머병은 뜻밖의 친밀한 순간만 가져다준 것이 아니다. 둘의 간극도 더욱 넓혔다.

2장 약골

반응을 바꾸기가 왜 그토록 힘들까

어느 날 아침 그레고르 잠자라는 이름의 출장 영업 사원이 뒤숭숭한 꿈에서 깨어보니 자신이 "한 마리의 흉측한 벌레"로 변한 것을 알게 된다.[1] 이상하게도 그는 놀라지 않는 것처럼 보인다. 침대에 누운 채 각질에 덮인 배와 버둥거리는 수십 개의 다리를 찬찬히 뜯어본다. 자신이 벌레가 된 것보다 모로 누울 수 없다는 게 더 신경쓰이는 듯하다. 문득 시간이 늦었음을 알아차린다. 기차를 타야 한다. 일어나려고 하지만, 조그만 다리에 비해 몸뚱이가 너무 커서 쉽지 않다.

그레고르 잠자가 마침내 방에서 나오자 가족의 반응은 히스테릭하면서도 무덤덤하다. 다들 벌레가 그레고르인 걸 알면서도 누구 하나 그에게 질문하거나 위로하려 들지 않는다. 하루하루가 지나며 그레고르는 새 몸에 점점 익숙해진다. 상한 음식을 먹고 집안에서 돌아다니는 법을 배운다. 가족에게 걸리적거리지 않으려고 틈새에 몸을 욱여넣어 숨는다. 월급 말고는 가족이 그에게 기대하는 게 별로 없었기에 그가 끽끽거리고 울어도 누구 하나 알아차리거나 이해해주지 않는다.

어느 날 그레고르는 여동생이 그를 내쫓으라고 부모에게 간청하는 소리를 엿듣는다. 여동생은 오빠를 아들로 대하지 말라고 소리친다. 부모가 딸의 간청에 공감하는 것처럼 보여도 그는 화가 나지 않는다. 오히려 여동생의 말을 납득한다. 그레고르는 짐이 되고 싶지 않아 마지막으로 가족애를 발휘하여 그날 밤 숨진다. 이튿날 아침 그가 쓰레기에 덮인 채 발견된다. 사과 조각이 껍데기에 달라붙어 있다.

롱아일랜드 예리코의 삐걱거리는 낡은 주택에서 밀라 리브킨은 시도 때도 없이 딸과 사위의 침실에 쳐들어가 자신의 스타킹을 찾아다녔다. 밀라는 새된 목소리로 다그쳤다. "찾아줘! 스타킹이 어디론가 사라졌어." 딸 라라는 울 기운조차 빠지면 웃음을 터뜨렸다. 어디 가기 힘든 스타킹이었기 때문이다. 굵은 소련제 양털로 만들었기에 7킬로그램은 나갈 터였다. 밀라는 스타킹뿐 아니라 대부분의 소유물에 집착했다. 이를테면 타월이 그랬다. 신체 부위마다 타월이 따로 있었다. 어떤 타월은 닦고 나면 너무 축축했고 어떤 타월은 너무 건조했기 때문이다. 밀라에게 엉뚱한 빗, 냅킨, 찻잔을 건넸다가는 봉변당하기 십상이었다.

라라는 엄마 물건을 태우는 환상을 품었지만 부아를 꾹꾹 눌렀다. 반면에 라라의 남편 미샤는 자제심을 항상 유지하지는 못했다. 장모님이 관심을 바라는 자기중심적 여자아이 같다고 생각했다. 이따금 밀라가 침실에 나타나면 그 스타킹을 자기가 신고 있다며 키득거렸다. 밀라는 농담을 좋아하지 않았고 자신을 겨냥한 농담은 더더욱 좋아하지 않았기에 사위의 말을 묵살하고는 또다른 불만을 터뜨렸다.

밀라의 행동은 전형적인 알츠하이머 환자의 모습이었다. 거듭거듭 캐묻고 감정을 조절하지 못하고 기억이 가물가물하고 자기 일에만 신경쓰는 것은 명백한 징후였다. 하지만 밀라는 당시 알츠하이머병을 앓고 있지 않았다. 알츠하이머 증상과 좀처럼 구분되지 않는 인간적 결점이 있었을 뿐이다. 그리고 대부분의 사람과 마찬가지로 밀라의 짜증스러운 성질은 그녀를 규정하지 않았다. 고압적이고 자기 위주이고 애정 결핍이 었을지는 몰라도 따스하고 너그럽고 꽁해 있지 않는 사람이기도 했다.

알츠하이머병의 실제 증상이 나타난 것은 밀라의 남편이 파킨슨병에 걸린 뒤로도 6년이 더 지나서였다. 하지만 그때에도 밀라는 달라진 게 없어 보였다. 계속해서 남편을 애지중지했고 남편의 감정 기복에 동요하지 않았으며 언제나처럼 다정하게 옷 벗는 것을 도와주고 목에 부드럽게 입맞춤했다.

하지만 남편이 세상을 떠나고서 증상이 심해졌다. 기댈 사람이 없어지자 자신의 덜 바람직한 성격에 의지하기 시작했다. 뭔가 잘못됐음이 점차 분명해졌다. 스타킹을 찾지 않을 때는 빵, 수프, 모자, 아끼는 스카프를 다릴 다리미를 찾았다. 기억이 깜박깜박했기 때문에 같은 요구를 몇 분마다 반복했다. 불안으로 떨리는 목소리가 언제나 라라를 괴롭혔다. 숨넘어갈 듯 헐떡거리며 끊임없이 요구했다. 물에 빠져 죽는 것 같은 소리였다. 라라는 자신도 함께 물에 빠져 죽는 것 같았다.

밀라가 딸에게 질문을 퍼붓지 않을 때조차 집은 고요한 날이 드물었다. 밀라는 방에 혼자 있을 때면 알츠하이머 환자 특유의 불규칙하고 흐느적거리는 걸음걸이로 왔다갔다했다. 질질 끄는 걸음소리는 이렇게 힐난하는 것처럼 들렸다. 내 모자 어딨지? 지갑은 어디 갔어? 열쇠는 어디 있담? 라라가 한밤중에 깨는 날이면 다시 잠들긴 틀렸다. 침대에 누워 엄마의 호출을 기다려야 했다. 유일한 휴식은 출근했을 때나 밀라가 노인보호소에 갔을 때뿐이었다.

하지만 주간보호소도 문제를 해결해주지 못했다. 몇 주가 지나자 밀라는 집에 돌아오면 직원과 노인들을 흉보기 시작했다. "나를 놀린단다. 등뒤에서 쑥덕거려. 내게 뇌가 없는 걸 알고서 나를 괴롭히는 거야."

어느 밤 저녁을 먹고 나서 사위가 없을 때 밀라가 두려운 표정으로 딸에게 속삭였다. "그들이 생각으로 나를 조종하려고 해. 그래서 내가 이 지경이 된 거야."

라라는 엄마의 무력함과 피해망상에 금세 마음이 누그러져 분노와 조바심을 털어버렸다. 나직한 목소리로 아침에 전부 해결해주겠다고 장담했다. 실제로 노인보호소에 가서 사람들에게 이야기할 작정이었다.

밀라가 가소롭다는 듯 신랄하게 대꾸했다. "내일이라니? 내일이면 내가 죽고 나서일 수도 있잖니!"

그 순간 라라는 자신이 마주한 것이 고통에 겨운 마음이 아니라 엄마의 평상시 특권 의식임을 깨달았다. 밀라는 딸이 만사 제쳐놓고 자신을 보살피기를 기대했다.

라라가 평소와 달리 매정하게 답했다. "아무튼 이만 자러 갈게요."

밀라는 헉 소리를 내고는 눈물이 그렁그렁한 채 고개를 내저으며 울부짖었다. "어떻게 그럴 수 있니? 어떻게 그럴 수 있어?" 라라는 밤새 엄마를 달래야 했다.

라라가 나를 찾아온 것은 밀라가 알츠하이머병을 진단받은 지 두 달쯤 지났을 때였다. 아담하고 피부가 희었으며 눈은 강렬한 암청색이었다. 맞은편 안락의자에 앉았는데, 가만히 있는 게 괴로운 듯 몸을 배배 꼬았다. 대화에 열중하는 것처럼 보였지만 마음 한구석은 딴 데 가 있는 듯했다. 라라가 언제나 자신의 말이 중간에 끊길 각오를 하고 있다는 건 나중에야 알게 되었다. 관심의 초점이 되는 것에 익숙하지 않은 것이 틀림없었다. 편안하냐고 묻자 편안함이라는 걸 잊은 지 오래됐다는 듯 머뭇머뭇 살짝 미소 지었다.

라라는 걱정하고 있었다. 최근 엄마에 대한 자신의 반응이 설명될 수도 없고 용납될 수도 없음을 깨달았다. 여전히 엄마의 투정을 받아주긴 했지만 이따금 비뚤어진 충동에 사로잡힐 때가 있었다. 숨죽여 중얼거리거나 비꼬는 말을 하거나 엄마가 불러도 못 들은 체했다. 남편이 그랬을 때는 나무라놓고 말이다.

이에 반해 남편은 이제 장모의 행동에 개의치 않는 듯했다. 장모가 진단받은 뒤 알츠하이머병에 대해 조사하기 시작했으며 장모에게 느끼는 감정이 달라졌다. 이제는 아내의 행동이 당혹스러웠다. 그래서 어머님이 편찮으시니 너무 많은 걸 기대하지 말라고 아내에게 당부했다.

"그래서 지금은 남편이 착한 사람이에요." 라라가 어처구니없다는 표정으로 말했다.

"당연하죠. 남편분은 어머님께 시달리지 않으니까요. 그래서 너그럽게 굴 여유가 있는 거예요." 내가 말했다.

라라가 동의한다는 뜻으로 웃음을 터뜨렸지만 잠시뿐이었다. 라라는 난생처음으로 엄마에게 진짜로 화가 났다. 이런 종류의 화는 자신에게 낯설었을 뿐 아니라 이런 감정이 느껴진다는 것도 심란했다.

속상한 일의 예를 더 들어달라고 라라에게 말했다. 라라는 다소 수줍어하며 엄마가 자꾸만 스스로를 '약골'이라고 부른다고 털어놓았다. 이를테면 이런 식이었다. "내가 우리 가족의 약골이라는 거 알고 있었니?" "그건 내 잘못 아니야. 난 언제나 약골이었다고." 라라는 이런 비슷한 표현을 평생 들었지만 이제는 참을 수 없었다. 더욱 속상한 것은 짜증이 억눌러지지 않는 것이었다.

왜 그 말이 그토록 거슬리냐고 물었다. 라라는 어깨를 으쓱했다. 이유를 모르겠고 알고 싶지도 않다고 말했다. 중요한 것은 자신에게 인내심이 없다는 사실이라고 했다. 라라가 물었다. "어떻게 별 뜻 없는 몇 마디에 흥분할 수 있는 거죠?" 그 몇 마디가 결코 별 뜻 없지 않다는 의심이 들었다.

밀라 리브킨은 1922년 우크라이나 베르디치우에서 태어났다. 가족은 끈끈하게 엮여 있었지만 밀라는 두 자매와 달리 작고 허약해서 '약골'이라는 애칭으로 불렸다. 어느 날 밀라는 하굣길에 사람들이 모여 있는 것을 보았다. 걸음을 멈추고 무슨 일인지 물었지만 아무도 눈길을 주지 않았다. 마침내 누군가 다가와 밀라의 아버지가 차에 치였다고 말해주었다. 하지만 그럴 리 없었다. 마을에는 차가 두 대뿐이었고 밀라는 한 번도 그 차들을 본 적이 없었다. 어떻게 이런 일이 일어날 수 있지?

집에 도착한 밀라는 엄마의 울먹이는 표정에서 그 말이 사실이며 모든 것이 달라질 것임을 직감했다. 밀라는 돈을 벌고 엄마를 돌보기 위해 열두 살에 학교를 그만두었다. 상냥하고 착한 아이이기는 했어도 새로운 임무는 지긋지긋했다. 이제는 돌봄을 받는 게 아니라 누군가를 돌봐야 했다. 밀라는 영국의 심리학자 존 볼비가 '안전 기지'라고 부르는 것을 잃었다.[2] 고통스러운 시기에 피난처가 되어줄 사람 말이다.

아닌 게 아니라 인간을 비롯한 포유류는 애착 체계를 타고 나는데, 그 덕에 안심하고 주변을 탐색할 수 있다. 적응 행동에 해당하는 이 기능은 애착 대상이 곁에 있고 반응한다는 것을 알려주어 스트레스를 가라앉히고 생존을 보장한다. 안전

기지를 박탈당하거나 부모가 안전 기지 역할을 해주지 않는 아동은 방어적 대응 전략을 발달시키는 경향이 있다.[3] 어떤 아동은 자립을 고집하고 친밀한 관계를 불신하는 '회피 애착'을 나타낸다. 그런가 하면 밀라처럼 다시 버림받을까 두려워하는 '불안 애착'을 나타내는 아동도 있다. 이런 아동은 남에게 지나치게 의존하고 작은 스트레스 요인에도 마치 하늘이 무너진 듯 반응한다.

이 대응 기제 또는 애착 양식은 아동기를 훌쩍 넘어서까지 연장될 수 있으며 이 때문에 우리가 세상을 헤쳐나가는 태도가 달라질 수 있다.[4] 성격 발달, 자신과 타인을 대하는 태도, 그리고 물론 자녀와 맺는 관계에도 영향을 미친다.

밀라는 성인이 되자마자 가족을 꾸리기 시작했다. 밀라가 아이를 낳고 싶어한 것은 양육하고 싶어서가 아니라 **양육받고** 싶어서였다. 대부분의 부모는 '안정 애착'을 형성하여 자녀에게 안전 기지가 되어주지만 밀라는 딸을 자신이 박탈당한 안전 기지로 만들었다. 밀라에게 세상은 혼란스럽고 무서운 곳이었으며 라라는 자신의 구명줄이었다. 라라가 초기 면담에서 말하길 엄마가 밤늦게 장을 보러 갈 때 종종 자신을 데려갔는데, 그것은 딸이 옆에 있으면 더 안전하다고 느껴져서였다고 했다.

라라가 아는 것은 이게 전부였기에, 그녀는 엄마의 "사람들이 뭐라고 생각할까?" "난 어떻게 될까?"와 같은 애정 결핍과 두려움의 외침을 당연하게 받아들였다. 라라는 어릴 적부터 엄마의 불안을 달래주는 방법을 배웠다. 그 방법이란 엄마가 혼자가 아니며 자신이 곁에서 도와줄 거라고 안심시키는 것이었다. 모스크바에 있는 대학교에 입학하고 결혼해 미국으로 이주한 뒤에도 라라는 엄마의 불안으로부터 벗어날 수 없었다. 엄마의 독특한 불안이 뇌리에서 떠나지 않았다. 하지만 다른 대륙에 살고 있는데 무엇을 할 수 있었겠는가?

걱정이 끊이지 않았다. 깊이를 헤아릴 수 없을 정도였다. 그러던 어느 날, 러시아를 떠난 지 10년 만에 미국 국무부에서 편지가 왔다. 부모의 미국 체류를 허가한다는 내용이었다. 라라는 눈물을 쏟았다. 엄마와 곧 재회한다고 생각하니 안도감이 들었다. 다시는 엄마에게서 구명줄을 빼앗지 않을 작정이었다.

하지만 엄마가 알츠하이머병을 진단받자 라라는 좌절감을 느꼈다. 엄마가 마치 유아처럼 굴어도 된다는 공식 허가를 받은 것 같았다. 물론 엄마 잘못이 아니며 엄마의 기억력, 주의 지속 시간, 자제력이 모두 손상됐다는 걸 알았지만, 그럼에도 믿기 힘들었고 받아들이기는 더더욱 힘들었다. 엄마는 알츠하이머병에 걸렸지만, 정말로 변신이 일어난 걸까?

20년 전쯤 「변신」을 처음 읽었을 때 곤경에 처한 아들을 나 몰라라 하는 이기적인 가족에게 당연하게도 혐오감이 들었다. 벌레로 변한 그레고르는 방바닥을 기어다니고 희미한 외침으로만 의사소통한다. 그런데도 가족의 반응은 우스울 만큼 심드렁하다. 최초의 충격이 가신 뒤 부모와 여동생은 평소의 소극적 태도, 자기 연민, 특권 의식으로 돌아간다.

당연하게도, 가족이 그레고르의 변신에 무심한 것은 우스꽝스러운 자기중심성 때문이라고 생각했다. 하지만 희생과 배려로 삶을 점철한 라라 같은 보호자를 여럿 만나고서 카프카의 가족 묘사가 많은 가족의 전형적 사례임을 알게 되었다. 말하자면 말썽이 벌어져 불안해지면 사람들은 인이 박인 행동 패턴으로 돌아간다. 카프카는 기존의 가족 역학 관계를 가져다 부조리한 결론을 끌어냈을 뿐이었다.

알츠하이머 환자는 벌레로 탈바꿈하지 않을지는 몰라도 실제로 달라진다. 그럼에도 환자와 보호자는 늘 그랬던 것처럼 상호작용을 이어가는 경우가 비일비재하다. 물론 대부분의 보호자는 잠자 가족보다 확고한 자기 인식을 가졌지만 그렇다고 해서 익숙한 가족 역할로 퇴행하지 말란 법은 없다. 이런 패턴이 지속되는 것은 지독히 힘센 무언가에 휘둘리기 때문이다. 그것은 바로 무의식이다.

무의식은 오늘날 심리학계와 철학계에서 상투어로 쓰이지만 언제나 당연시된 것은 아니었다. 처음에는 놀라움을 자아냈다. 보물을 찾기 위해 탐색하고 채굴할 미지의 나라로 간주되었으며, 정신분석으로 내면의 자아를 발견할 수 있으리라 기대한 수많은 지식인이 몰려들었다. 프로이트의 정신분석 암흑 세계는 두려우면서도 매력적이었다. 우리가 특정 욕구를 가지는 이유를 설명하는 것처럼 보였을 뿐 아니라 그 욕구들이 문명과 상반되게 작동하는 이유도 탐구했으니 말이다. 사회가 기능하려면 무의식의 일정 부분을 억압하거나 승화하거나 둘 다 해야 했다.

하지만 그러다 20세기 중엽 즈음 거대한 변화가 일어났다. 새로운 물결의 심리학자들이 무의식적 정신 과정의 연구에 엄격한 경험적 접근법을 접목하기 시작했으며, 이는 '인지 혁명'을 예고했다.[5] 사람들은 여전히 정신분석가의 소파에 고분고분 누웠지만 학계에서는 많은 정신 과정이 우리 모르게 일어나면서 생각과 행동을 대부분 좌우한다는 것이 정설이 되었다. 무의식이 "빙산의 일각"[6]이라는 프로이트의 단언은 그 누구의 예상보다 참인 것으로 드러났다. 프로이트가 의도한 대로는 아니었겠지만. 이 새롭고 평범한 무의식은 의식과 독립적으로 돌아가는 인지적·지각적 일상 작용을 강조했다.[7]

게다가 이 무의식적 과정은 티머시 윌슨이 『나는 왜 내가 낯설까』에서 말하듯 "뇌 구조의 일부"[8]이며 판단, 느낌, 언어, 지각, 의사결정에 영향을 미쳐 우리가 더 효율적으로 기능하게 한다. 사회심리학자 대니얼 M. 웨그너가 처음 만든 용어인 이 '적응 무의식'[9]은 주변 환경을 재빨리 가늠하고 의식의 개입 없이 반응하도록 해준다. 반면에 의식은 느리게 작동하고 정신 에너지를 더 많이 필요로 한다. 적응 무의식은 레이더 밑에서 작동하기 때문에 우리는 대부분의 생각과 행동을 의식의 산물로 여긴다.

의식은 보이지 않는 좀비가 자기 옆에 있는 줄도 모른 채 일하는 셈이다. 이 좀비가 조용히 하는 일을 의식적 마음은 자신이 하고 있는 줄 안다. 실제로 무의식적 과정은 '좀비 하위 시스템'이라고 불리기도 한다.[10] 이 자동화된 단순 작업자는 머리를 빗고 설거지를 하고 불을 끄는 등 의식이 별로 필요하지 않은 기계적 과제를 수행한다.

하지만 이 무의식적 과정의 상당수는 정교한 생각과 행동에도 관여할 수 있다.[11] 특별한 기술이나 전문성이 필요한 경우는 더더욱 그렇다. 그렇기에 사람들은 치매 장애 초기와 심지어 중기에도 여전히 높은 수준의 수행 능력을 발휘할 수 있다. 심지어 지적으로 복잡하거나 기계적으로 정밀한 작업에서도 이런 현상을 볼 수 있다. 이 때문에 환자가 자신의 인지 손상 정도를 알아차리기 어려운 것은 물론, 주변 사람들도 비합리적인 기대를 품게 된다.

의사, 변호사, 배관공, 학자의 머릿속에서 실린더가 분주히 오르락내리락하는 것처럼 보이고 들릴지도 모르지만, 대부분의 작업을 실제로 수행하는 것은 무의식적 과정이다. 그러니 보호자가 속는 것은 놀랄 일이 아니다. 우리는 일반적으로 판단, 생각, 성격의 길잡이가 의식적이고 의도적인 '고차원적' 과정이라고 생각하기 때문에[12] 치매 환자가 딱히 인지 저하를 드러내지 않으면 어리둥절해한다.

밀라 리브킨이 알츠하이머병에 걸렸을 때 가족이 바라보는 그녀의 모습은 단번에 바뀌지 않았다. 기질, 선호, 특유의 반응, 사교성처럼 무의식적 과정에서 비롯하는 중요한 성격 측면들은 얼추 그대로 남았다.[13] 라라와 미샤에게 밀라는 여전히 밀라처럼 '느껴졌다'. 밀라의 성가신 의사 표현과 애매모호한 서사는 중단되는 것이 아니라 그녀가 병에 잘 대처할 수 있도록 오히려 배가되었다. 케슬러 씨와 마찬가지로 밀라는 복합

인지 기능이 사라지기 시작하자 자신이 언제나 의지했고 자신을 언제나 규정한 무의식의 대본에 더 단단히 매달렸다.

그래서 밀라가 '약골'이라는 전매특허 구절을 되뇌었을 때 라라의 눈에는 질병이 아니라 엄마만 보였다. 라라의 냉소와 비난은 질병이 아니라 엄마를 향하고 있었다. 물론 밀라는 자신이 끊임없는 트집과 질문으로 딸을 괴롭히고 있다는 걸 몰랐기에 그런 냉소와 비난에도 영문을 알지 못했다.

밀라: 어디 가려는 거니?

라라: 가긴 어딜 가? 가게 가지.

밀라: 가게 가지, 가게 가지. 그럼 난 어떡하니? 네가 없는 동안 누가 날 돌봐주니? 난 하루종일 혼자란다.

라라: 무슨 소리야? 온종일 함께 있었잖아. 산책하고 목욕도 시켜주고 함께 저녁도 먹었잖아.

밀라: 그래서 내가 짐스럽니?

라라: 엄마, 나한테 원하는 게 뭐야?

밀라: 나 저녁 먹었니? 빵 먹고 싶어.

라라: 말했잖아. 그래서 가게 간다고. 엄마가 좋아하는 빵이 다 떨어졌어.

밀라: 가게 갈 거니? 그럼 난 어떻게 되는 거니?

라라: 엄만 집에 있어.

밀라: 혼자. 개처럼.

(딸이 나가는 걸 보고서 더 불안해진다.)

밀라: 어디 가니?

라라: 백번째 말하는데, 가게 간다고!
밀라: 그럼 난 어떡하니?

라라가 역정이 날 만도 했다. 여느 보호자와 마찬가지로 라라는 자신을 짓누르는 증상을 그대로 흉내내기 시작했다. 무엇보다 자신이 했던 말을 또 하고 있다는 걸 깨달았다. 얄궂게도 이런 '전염'은 부분적으로 뇌의 가소성 때문일 수도 있다. 건강한 뇌는 신비하고도 놀라울 정도로 적응력이 뛰어나다. 하지만 이로 인해 보호자는 치매 장애에 대처하도록 습관과 기대를 바꾸는 게 아니라 환자 못지않게 경직되고 반복적으로 바뀔 수도 있다. 정신의학자 노먼 도이지는 『기적을 부르는 뇌』에서 경직성이 생기는 이유를 설명하기 위해 신경학자 알바로 파스쿠알레오네가 고안한 썰매 비유를 활용한다.[14] 눈이 갓 쌓인 언덕 꼭대기에서 썰매를 탄다고 상상해보라. 당신은 썰매로 언덕을 내려갔다가 다시 올라간 뒤에 같은 경로를 택할 수도 있고 새 경로를 개척할 수도 있다. 선택지는 무한하지만, 같은 경로를 택할 때마다 썰매채에 파인 길이 깊어지고 단단해진다. 그리고 경로가 또렷해질수록 그 경로로 다시 내려가기가 더 쉬워진다. 그리하여 반복은 더 많은 반복을 낳는다.

치매 장애의 경우 반복은 명백한 증상이지만, 보호자가 빠지기 쉬운 함정은 이런 반복이 질병에서만 비롯하는 게 아니라는 사실이다. 환자의 고착, 요구, 입버릇, 독설, 끊임없는 전화 등은 스트레스에 대한 반응으로 나타나는 자연스러운 애착 행동이다.[15] 알츠하이머병이 만들어내는 내면의 기후가 혼란,

불안, 막연한 상실감에 휘둘리면 애착 체계에 과부하가 걸려 환자로 하여금 안전 기지를 찾게 만든다.[16] 환자는 부재하는 부모, 가정, 인형, 의복 등 안전함을 나타내는 것이라면 무엇이든 강박적으로 찾아다닌다.

라라는 밀라가 알츠하이머병에 걸리기 오래전부터 밀라의 안전 기지였다. 알츠하이머병은 이 상황을 급작스럽게 바꾸지 않았다.[17] 오히려 밀라의 불안한 애착 양식을 더욱 부추겼다. 회피 애착 양식을 지닌 환자도 마찬가지다. 그들은 상대방과 가까워지고 싶어하는 것이 아니라 상대방을 더욱 못 믿게 될 수 있다. 도움을 받아들이길 꺼리고 독자성을 간직하려는 고집이 점점 커진다. 사실상 보호자가 날마다 보는 행동은 평생 보아온 행동이다. 지금 와서 더 두드러져 보일 뿐이다.

밀라가 5분마다 딸을 부른 것은 방금 얘기를 나눴다는 걸 잊었기 때문만이 아니다. 애착 체계가 자신으로 하여금 위로를 간절히 바라도록 했기 때문이기도 하다. 밀라가 거듭거듭 자신을 '약골'이라고 부른 것은 방금 그렇게 말한 것을 잊었기 때문만이 아니다. 대응 기제가 자신으로 하여금 취약함과 무력함을 강조하여 애착 대상에게 더 큰 호소력을 발휘하도록 했기 때문이기도 하다. 밀라는 문제가 없을 때조차 관심을 요구했으며 딸이 곁에 있어주길 바랐다. 하지만 알츠하이머병에 걸려 자신의 온 세상이 어둡고 텅 빈 거리가 된 지금은 딸에게 더더욱 매달렸다. 라라는 다시 한번 어린 소녀가 되었으며 그녀의 임무는 엄마가 어둠 속에서 안전함을 느끼도록 하는 것이었다.

라라는 과거에 대해 이야기할수록 편안해졌다. 몇 차례 이후의 면담에서는 마침내 딴 데 안 가도 되는 사람처럼 의자에 편히 앉았다. 어느 오후 라라는 침묵했고 나도 침묵했다. 반추할 순간, 오롯이 자신만의 순간을 스스로에게 허락한 것을 보니 뿌듯했다. 라라가 입을 연 것은 '약골'이라는 표현이 왜 그토록 숨막히게 느껴지는지 설명하기 위해서였다. 라라는 끊임없는 하소연이 엄마를 어린애 취급하는 데 일조할 뿐 아니라 기이하게도 책망이나 경고처럼 느껴진다고 생각했다. 마치 이렇게 말하는 것처럼 들린다는 것이었다. "내가 겪은 일을 잊지 마. 날 버리지 마." 그래서 라라는 매정하거나 성마르게 행동할 때마다 자신이 못된 딸일 뿐 아니라 '못된 엄마'라고도 느꼈다.

착한 엄마는 밀라가 주간보호소에서 돌아와 낮에 사람들에게 조롱당하고 거부당했다고 불평할 때 더 참고 들어줬을 거라는 라라의 말에서 반어적 뉘앙스가 풍겼다. 밀라는 오후에 집에 돌아올 때마다 같은 한탄을 늘어놓았다. "내가 무슨 꼴을 당했는지 봐야 해. 네가 여기 있어서 정말 다행이야. 하느님 감사합니다. 내가 어떻게 버텼는지 모르겠구나."

이 말을 듣고 라라는 가슴이 철렁했다. 엄마가 노인보호소에 홀로 서서 겁에 질려 어쩔 줄 몰라하는 광경을 상상했다.

"그 사람들이 내게 어떻게 말하는지 봐야 해. 거긴 날 신경 쓰는 사람이 아무도 없어. 한 명도 없단다. 아무도 관심 없어."

하지만 이런 대화가 몇 차례 반복되자 라라는 이렇게 대꾸했다. "어떻게 아무도 관심 없다고 말할 수 있어? 엄마가 혼자가 아니게 하려고 내가 얼마나 안간힘을 쓰는데."

물꼬가 터지자 라라는 걷잡을 수 없었다. 엄마는 내가 얼마나 애쓰는지 왜 몰라줄까? 누군가 곁에 있다는 걸, 언제나 곁에 있었다는 걸 왜 모르지? 엄마는 자기가 말썽을 일으켜놓고 왜 모른 체하는 거야?

밀라는 딸에게 공격받는다는 느낌을 받자 눈물을 주체할 수 없었다.

"왜 나한테 소리지르니? 내가 아직 살아 있는 게 내 잘못이니?"

매일 아침 라라는 엄마가 신세타령하도록 내버려두고 자신은 착한 딸로서 가만히 듣겠노라 다짐했다. 하지만 엄마가 발동을 걸면 마치 마법에 걸린 듯 맞받아쳤다. 전날, 그 전날 엄마에게 내뱉은 말을 다시 내뱉고 말았다. 자신의 반응이 무의미하고 터무니없다는 걸 알면서도 어제와 똑같은 말이 자신의 입에서 쏟아져나오는 것을 막을 수 없었다.

이런 반응 패턴을 보이는 것은 라라만이 아니다. 환자의 애착 체계가 끊임없이 달램을 요구하며 소란을 피우면 보호자 본인의 애착 체계도 발동하지 않을 도리가 없다.[18] 라라는 자신에게 매달리는 엄마 밑에서 자랐기 때문에 엄마가 정서적으로 안정되어야 자신도 안정될 수 있었다. 엄마를 달래는 것은 곧 자신을 달래는 것이었다.

알츠하이머가 발병하자 밀라의 불안은 끌 수 없는 경보기가 되었다. 엄마의 고통을 덜어줄 방법이 없었기에 라라는 자신의 고통으로부터 달아날 방법도 없었다.

사실상 라라 자신의 애착 체계에도 과부하가 걸렸으며 자신 또한 전형적 대응 패턴으로 돌아갔다. 그것은 엄마를 고치려는 반사적 시도였다. 알츠하이머병은 밀라에게서 밑 빠진 독 같은 욕구를 만들어냈다. 라라는 무슨 수를 써도 충분하지 않다고 느꼈다. 라라가 듣던 말의 볼륨만 커진 것이 아니었다. 채워줄 수 없는 욕구도 커져만 갔다. 하지만 라라는 이제야 그것들에 짜증 부리기 시작했다.

환자의 행동을 바꾸려 할 때의 걸림돌은 분명하지만 보호자가 맞닥뜨리는 걸림돌은 그보다 모호하다. 보호자가 환자의 요구에 반응할 때 낡은 습관에 저항하려면 무의식적 반응에서 의식적 반응으로 전환해야 한다.[19] 말은 쉽지만 뇌가 문제를 어렵게 만든다. 어쨌거나 뇌의 목적은 슬기롭거나 올바르거나 심지어 합리적인 것도 아니라[20] 에너지를 보존하는 것이다.[21] '값싼' 무의식적 과정이 옆에 있는데 뭐하러 값비싼 의식적 활동에 에너지를 쓰겠는가?[22] 우리의 뇌는 압박을 받으면 유난히 구두쇠가 되며 우리는 옛 행동 패턴으로 돌아간다.[23] 우리가 이 패턴에 기댈수록 신경의 이골은 더 깊어지고 다른 경로를 택하기는 더 힘들어진다.

그레고르의 가족이 그의 기이한 변신에 대해 특유의 이기적이고 무정한 방식으로 반응한 것처럼, 보호자는 환자와의 친숙한 이골에 눌러앉는다. 친밀하고 뒤얽힌 관계에서는 우리의 신경 경로가 환자의 신경 경로와 만나 그들의 반복 행동이 우리의 반복 행동을 낳는다. 그럴 수밖에 없지 않겠는가? 라라의 애착 체계는 자신이 돌보고 있는 바로 그 사람에 의해 형성되었다. 그래서 알츠하이머병은 뱀 꼬리처럼 한 사람의 정서 반응을 다른 사람에게 홱 옮긴다.

옛 소련의 비좁은 아파트에서 세 명이 한방에 자면서 자란 라라는 고독이 무엇을 뜻하는지 알기 전부터 고독을 갈망했다. 지금 라라는 자기 집에서 살지만 엄마와 함께다. 방이 따로 있긴 하지만 엄마의 처량한 음성이 온 집안에 울려퍼진다. "난 어떻게 될까?" "사람들이 뭐라고 생각할까?" "난 어떡하니?" 이 질문들이 언제나 라라의 폐소공포증을 촉발했다. 하지만 반복이 라라를 도발하기 시작한 것은 알츠하이머병이 집에 들어온 뒤였다. 이 사실은 걸음마를 뗀 뒤로 지금껏 맡았던 역할에 자신이 붙박여 있음을 억압적으로 상기시켰다.

3장 치매맹

알츠하이머병을 똑바로 보기까지
왜 그토록 오랜 시간이 걸릴까

어이없을 만큼 간단한데도 늘 속아넘어가는 착시 현상이 하나 있다. 뮐러리어 착시는 평행선 두 개로 이루어지는데, 하나는 화살표가 안쪽을 향하고 하나는 바깥쪽을 향한다.[1] 두 선은 길이가 같지만, 몇 번을 눈대중해보아도 화살표가 안쪽을 향하는 선이 항상 더 길어 보인다. 우리가 관념적으로 아는 것과 본능적으로 지각하는 것의 이러한 차이는 우리 안에 새겨져 있으며 내가 보기에는 이것이야말로 보호자 딜레마의 핵심이다.

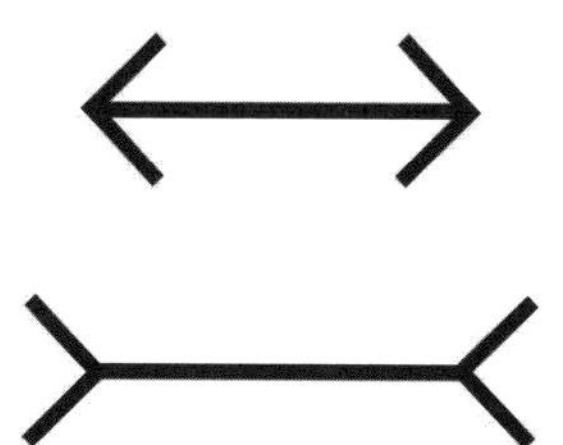

보호자는 부모나 배우자가 치매를 앓고 있다는 사실을 알더라도 환자의 비행이나 망상에 감정적이고 변덕스럽게 반응하고 마는 경우가 많다. 아는 게 많아진다고 해서 보호자의 행동이 더 나아지는 것은 아니다. 나는 이 현상을 번번이 맞닥뜨렸다. 관련 지식을 잘 아는 보호자도 예외가 아니었다. 그래서 가족 구성원이 인지 손상의 온전한 영향을 받아들이지 못하는 것에 신경학적 요소가 있지는 않은지 의문이 들기 시작했다.

심리학자 대니얼 카너먼은 『생각에 관한 생각』에서 이것이 어떻게 작용하는지 설명한다.[2] 카너먼은 생각 형태에 두 가지가 있다고 가정한다. 시스템 1은 자동적 생각 형태다. 힘들지 않게 작동하고 즉각적 인상을 형성하며 체감 반응과 정서 반응을 낳는다. 카너먼이 '빠르게 생각하기'라고 부르는 이 무의식적 과정을 억누르기란 불가능에 가깝다. 시스템 1은 직관, 편향, 가정을 동원하며 우리를 뮐러리어 착시 같은 시각적·인지적 함정에 쉽게 빠지도록 한다.

시스템 2는 의도적 생각 형태다. 관념적 수준에서 작동하며 판단을 내놓기까지 시간이 오래 걸린다. 시스템 1이 무엇이든 척척 대답하는 떠버리 삼촌이라면 시스템 2는 걸핏하면 "제가 그걸 아는지 잘 모르겠습니다만"이라거나 "곰곰이 생각해봅시다"라고 웅얼거리는 지식인 교수다. 시스템 2의 영향력이 더 커진다면 우리는 자신이 참이라고 아는 것을 볼 수 있을 것이다. 치매는 선과 각을 가지고 장난치진 않아도 더욱 교묘한 수법으로 스스로를 위장한다.

몇 년 전 어느 가을날, 경험 많은 사회복지사가 나를 찾아왔다. 재스민 하인스는 서른여섯 살에 키가 크고 매력적이고 호리호리한 여성으로, 큼지막한 적갈색 눈은 언제라도 눈물을 글썽일 것처럼 보였다. 말투가 나직하고 태도가 침착했으며 자신의 강점과 약점을 평가할 때 주저하지 않았다. 남들에게도 솔직했는데, 이 성격은 위기에 처한 아동을 대할 때 도움이 되었다. 하지만 아빠 스튜어트가 암으로 세상을 떠나자 엄마 팻을 돌보기 위해 일을 그만두었다.

재스민은 아빠에 대해 이야기할 때는 애정과 번득이는 유머를 구사하며 목소리가 밝아졌다. 하지만 엄마의 이름의 나오자 목소리가 약해지다못해 기어들어갈 지경이었다. 재스민이 아빠를 자주 생각한 것은 그리워서만이 아니라 자신이 아빠에게 얼마나 의지했는지, 아빠가 자신에게 엄마의 치매를 얼마나 노련하게 숨겼는지 깨달았기 때문이기도 했다. 재스민은 매일 부모를 보면서도 엄마의 인지 저하가 어디까지 진행되었는지 전혀 눈치채지 못했다.

이제 와서 돌아보니 미묘한 단서와 노골적 단서를 알아볼 수 있었다. 이를테면 엄마가 운전석에 앉아 재스민을 돌아보며 "여기서 뭘 해야 할지 모르겠구나"라고 말했을 때, 재스민은 "좋았어, 엄마. 아주 웃겼어"라고 대답했다. 하지만 엄마가 조수석 수납함을 열자 시동 거는 법을 적은 쪽지가 떨어졌다. 아빠가 손으로 쓴 것이었다.

재스민은 방금 내게 한 말에 대해 생각하는 듯 뜸을 들이더니 이렇게 말했다. "그때 눈치챘어야 했어요. 안 그래요? 근데 저는 이렇게만 생각했어요. '엄마는 좋겠다. 아빠가 늘 도와주잖아.'"

"아버님께서 늘 도와주셨나요?" 내가 물었다.

"그래요. 무슨 일이 일어나고 있는지 알았어야 했는데. 하지만 얽히고 싶지 않아서 모른 체했어요."

재스민이 자책하는 광경을 보고 있자니 고통스러웠다. 대부분의 보호자도 같은 실수를 저지르기 때문이다. 횡설수설, 부적절한 성적 행동, 낯익은 곳에서 길을 잃어버리는 것, 편집 망상, 심지어 신체 폭력 같은 알츠하이머병의 뚜렷한 증상이 번번이 나타나도 가족들은 섣불리 신경학적 진단을 내리길 꺼린다. 물론 환자가 병을 부정하는 것은 당연하다. 돌아서면 잊어버리는데 어떻게 증상을 추적할 수 있겠는가? 알츠하이머병은 많은 환자에게서 인지 손상을 일으키고 그 뒤에 숨는다. 하지만 보호자는 어떻게 된 걸까? 그들의 부정에도 신경학적 요소가 있는 건 아닐까? 나는 그렇다고 생각하며, 이러한 부정에 '치매맹dementia blindness'이라는 이름을 붙였다.

이 관점에서 생각하다가 인간의 눈에 있는 진짜 맹점[3]이 떠올랐다. 맹점이란 시신경이 망막을 빠져나가는 지점이다. 양쪽 눈 다 맹점에는 광수용체가 하나도 없다. 감각 정보가 등록되지 않는 빈틈이 존재하는 셈이다. 그럼에도 우리는 세상을 바라볼 때 완전한 장면으로 지각한다. 이것은 뇌가 맹점 가장자리의 시각 정보를 이용하여 자신이 보리라 예상되는 것을 가지고서 빈틈을 메우기 때문이다. 비슷한 방식으로 뇌는 자신이 아는 것을 가지고서 자신이 모르는 것을 우리에게 숨긴다. 뇌는 우리에게 있는 정서적 맹점을 찾아 이용한다.

재스민의 말을 듣다보니 그녀의 맹점이 무엇일지 감이 잡히기 시작했다. 아빠는 임종을 앞두고 병원에서 엄마에게 전화를 걸어 책을 가져다달라고 부탁했다. 재스민은 엄마 곁에 서 있었는데, 엄마가 통화중에 점점 안절부절못하는 것을 보았다. 엄마는 책이 어디 있는지 모르겠다고 말했다. 책을 가져다줄 수 있을지도 모르겠다고 했다. 그때 재스민은 수화기 너머로 아빠가 책을 찾아내라고 고함치는 것을 듣고서 놀랐다. 엄마가 격분하여 맞고함치는 것을 듣고서는 더더욱 놀랐다.

재스민은 어안이 벙벙한 채 애원했다. "엄마, 아빠는 죽어가잖아. 소리지르게 놔둬. 엄마가 죽게 되면 그때 엄마도 소리질러."

나는 머뭇거리며 어머니가 이미 치매를 앓고 있다는 생각이 들지 않았는지 물었다.

재스민이 어깨를 으쓱했다. "아니요, 그게 엄마의 원래 모습인걸요."

정말로 그게 엄마 팻의 원래 모습이었는지도 모르지만, 그녀의 혼란과 분노는 치매의 전형적 징후이기도 했다. 재스민은 엄마가 아빠에게 고함치는 것에 당혹했으면서도 엄마의 혼란과 분노가 신경 문제의 징후일지도 모른다고 생각하지는 못했다.

말과 행동은 언제나 사람들에 대한 인상을 채색한다. 나는 이런 말과 행동에 신경학적 원인이 있을 수도 있다고 생각하기가 얼마나 힘든지 다시 한번 절감했다. 보호자를 방해하는 것은 환자의 적응 무의식만이 아니다. 적응 무의식은 환자를

실제보다 덜 아픈 것처럼 보이게 하지만, 보호자 자신의 마음
이 눈앞에 있는 것을 엉뚱하게 해석할 때도 많다. 환자가 자신
이 여전히 괜찮다는 착각을 부지불식간에 만들어낼 수는 있어
도 이 착각에 속는 것은 다름 아닌 건강한 마음이다. 이 민감
성은 눈에 띄지 않을 때가 많지만 매우 흔하다. 실제 착시를
일으키는 현상에 비유할 수 있을 정도다.

　이를테면 아래 그림의 오목한 얼굴 착시를 보라.[4] 실제로는
얼굴선이 오목해도 우리 눈에는 볼록하게 보인다. 얼굴이 볼
록하게 **보이는** 이유는 우리 마음이 진짜 얼굴을 숱하게 경험했
고 그 얼굴들은 정말로 볼록하기 때문이다. 이는 볼록함에 대
한 **신경의 기대**가 강력해서 감각 신호(오목함) 자체를 묵살하
는 것이다.

마음은 틀렸다는 걸 아는데 눈은 왜 틀리게 보는 것일까? 인지과학자 앤디 클라크에 따르면 이 시각적 오류는 뇌의 결함이 아니고 무작위적 오류도 아니다.[5] 사실 신경계의 이러한 경향은 뇌의 '옳은' 면을 보여준다. 특정한 경우에는 뻔히 보이는 것을 엉뚱하게 착각하기도 하지만 말이다.

전통적으로 지각 체계는 수동적이거나 자극에 의해 추동된다고 간주되었다. 이 견해는 현실에 대한 우리의 직관을 반영한다. 우리는 자신이 외부 세계에 직접 접근할 수 있으며 뒤로 물러앉아 감각기관으로 하여금 카메라 셔터를 누르게 하면 그만이라고 직관적으로 느낀다.[6] 지각이 수동적이고 자극에 의해 추동된다는 점에서 '상향식 지각'[7]이라고 부른다.

하지만 오늘날 우리는 뇌가 수동적 승객이 아님을 안다. 뇌는 지각에 적극적으로 참여하며, 시각 세계는 감각 정보와 예전 경험에 근거한 마음의 기대가 타협한 결과다. 우리는 자연스럽게 실재의 내적 모형을 구축하기 때문에 이미 아는 것이 장차 알게 될 것에 영향을 미친다. 늘 정확한 것은 아니지만 말이다. 기대에 근거하여 지각하는 이 성향을 '하향식 처리'[8]라고 부른다. 이 때문에 유입되는 감각 신호가 기대에 의해 묵살되기도 한다. 얼굴 그림은 오목할 수 있지만 우리 눈에는 그렇게 보이지 않을 것이다.

기대가 실재를 묵살한다면, 우리가 착시보다 중요한 착각에 속는 것은 법칙이나 마찬가지다. 숲에서 곰을 만났다고 상상해보라. 숲이나 곰이 어떻게 생겼는지에 대한 내적 모형이 없다면 우리 마음이 정보를 파악했을 즈음 우리는 이미 죽은 목숨일 것이다. 다시 말하지만 우리가 틀릴 수도 있다. 곰인 줄 알았는데 알고 보니 유난히 크고 곰처럼 생긴 개일 수도 있다. 그럼에도 우리는 여전히 '곰이다!'라고 생각해 달아나거나 죽은 척할 것이다. 나중에야 호들갑을 떤 것이 쑥스러울지도 모르지만 그것은 감수할 만한 사소한 대가다. 어쨌거나 우리의 생물학적 지상명령은 생존하는 것이지, 자존심을 지키거나 하찮은 실수를 면하는 것이 아니다.

선입견은 우리를 미묘하고 솔깃하게 인도한다. 세계에 대한 내적 모형이 없으면 삶은 너무 소란하고 모호하고 뒤죽박죽일 것이다.[9] 나침반으로 삼을 것이 없으면 우리는 끝 모를 자질구레한 정보 사이에서 길을 잃거나 너무 많은 자극 때문에 혼란에 빠지거나 너무 많은 선택지에 마비되고 말 것이다. 경험을 기반으로 형성된 기대가 없으면 우리는 상호작용이나 인상 하나하나를 백지에서 시작해야 할 것이다. 무엇이 해롭고 무해한지, 누가 친구이고 적인지 알아내는 데 시간이 너무 오래 걸릴 것이다.

기억이 정확하게끔 설계되지 않은 것처럼 지각도 마찬가지다. 이따금 저지르는 오류는 전반적 효율성을 위해 얼마든지 감수할 만하다. 치매맹이 존재하는 것은 우리가 주변 세상을 그저 관찰만 하는 것이 아니기 때문이다. 우리는 앤디 클라크의 말마따나 "이전 지식의 풍성한 배경"에 비추어 세상을 해석한다.[10] 그것은 우리가 배우자나 부모를 너무 잘 알아서 치매에 속아넘어가기 때문이다. 우리는 친숙한 단서를 보고서 모든 것이 잘 돌아가고 있다고 생각한다.

　나심 니콜라스 탈레브의 연구는 이 설명을 뒷받침하는 듯하다. 탈레브는 우리가 '이야기 짓기의 오류'를 일으켜 변칙을 간과하는 성향이 있다고 주장한다.[11] 이 오류는 기대와 다른 현상을 기존 가정에 맞게 뜯어고쳐 일관성을 부여한다. 우리는 시각 세계를 이해하는 것과 같은 방식으로(이따금 속을 수도 있다는 뜻이다) 주변 사람들에 대한 기대를 형성하며 가족 구성원들에게 서사를 투사하는데, 이 때문에 인지 손상의 증거가 모호해진다. 또한 치매로 인한 변칙을 무의식적으로 무마해 외부인에게 비전형적 행동으로 보이는 것이 보호자에게는 그저 친숙한 공격으로 느껴진다. 이전에 형성된 기대를 시각 세계에 반의식적으로 부여하여 착시에 빠지는 것과 마찬가지로, 우리는 배우자나 부모에 대해 이미 아는 것에 들어맞도록 치매 증상을 왜곡한다.

　아빠가 세상을 떠난 뒤 재스민은 할렘의 컨벤트 애비뉴에 있는 부모님 집으로 이사했다. 4층짜리 커다란 적갈색 사암 건물이지만 위압감은 별로 들지 않았다. 문과 벽에 다음과 같은 쪽지가 스카치테이프로 붙여 있었기 때문이다. "말없이 집 밖으로 나가지 말 것." "도우미에게 소리지르지 말 것. 그들은 도우러 온 사람임." 수년간 수많은 집에서 비슷한 쪽지를 보았기에, 이따금 전 세계의 온갖 언어로 쓰인 쪽지를 상상하게 된다. 그것은 혼돈에서 질서를 창조하려는 보편적인 시도가 아닐까. 이 집안 율법은 그다지 효과적이지는 않을지라도 환자와 보호자 사이에 의지의 투쟁이 벌어지고 있음을 보여주는 증거다. 둘은 겉으로나마 주도권을 쥐려고 서로 싸운다.

재스민의 집에서 쪽지가 가장 많이 붙은 곳인 부엌이었다. "냉장고에서 음식 꺼내지 말 것." "식탁에 있는 메뉴를 볼 것." "내 밥을 먹지 말 것." 나는 재스민 집을 처음 방문했을 때 쪽지를 들여다보는 모습을 들켰다. 염탐하다가 발각된 것처럼 멋쩍었다.

여느 가족 보호자와 마찬가지로 이곳에도 자녀와 부모 사이에 길고도 고된 내력이 있었다. 팻의 어머니는 청소부로 열심히 일하느라 딸에게 관심을 쏟을 여력이 없었고, 오빠들은 동생을 한낱 애송이로 여겨 중요한 인생사에 끼워주지 않았다. 그런 탓에 팻은 늘 혼자라고 느꼈다. 그뒤 열심히 공부하여 아이비리그 대학에서 박사학위를 받았고 규모가 큰 대학교 공학과에서 유일한 아프리카계 미국인 여성 교수가 되었다. 엄마에게서 충분한 관심을 받은 적이 한 번도 없었기 때문인지 자녀에 대한, 특히 외동딸 재스민에 대한 팻의 사랑은 성공을 향해 몰아붙이는 형태로 나타났다. 자녀들은 의젓하게 말하는 법, 멋지게 차려입는 법, 점잖게 처신하는 법을 배웠다. A 마이너스는 좋은 성적이 아니었다. A와 A 플러스를 받아야 엄마에게 인정받을 수 있었다.

재스민은 엄마의 불가능한 기준을 넌지시 언급하면서, 섭섭해하는 것 못지않게 옹호했다. 당신이 남다른 성취를 이루었으니 자녀에게도 그만한 기대를 품는 게 당연하지 않겠는가? 하지만 팻의 양육 방식 가운데에는 정당화하기 힘든 것도 있었다. 이를테면 재스민이 일곱 살일 때 팻은 하루에 우유 석 잔과 가염 크래커 여덟 개만 먹었다. 첫날과 이튿날은 문제없이 지나갔지만 사흗날 바니스 옷가게에서 옷을 입어보다 재스민이 기절했다.

이 대목에서 겁에 질린 내 표정을 보고 재스민은 농반진반으로 말했다. "엄마를 탓할 수도 없는 것이, 저랑 같은 식단을 지키고 계셨거든요."

재스민이 훗날 섭식 장애를 겪은 것은 놀랄 일이 아니다. 깡마른 몸매를 유지하는 것은 자신이 제대로 할 수 있는 유일한 일이었으니까. 하지만 어머니는 재스민에게 문제가 있다는 걸 단 한 번도 인정하지 않았다. 알면서도 고의로 무시했을까, 아니면 어머니 세대에는 섭식 장애라는 개념이 없었던 걸까?

하지만 재스민의 아버지가 사태를 파악하고서 아내에게 『엄마와 섭식 장애가 있는 딸』이라는 책을 건넸다. 팻은 눈길조차 주지 않았다. 읽기를 거부한 것이 아니었다. 책이 아예 존재하지 않는 것처럼 행동했다.

"어머니께서 책을 읽었다면 상황이 달라졌을 거라 생각해요?" 내가 물었다.

"글쎄요. 적어도 어제 엄마한테 쌍년이라고 부르진 않았을지도 모르겠네요."

"무슨 일 있었어요?" 내가 물었다.

재스민이 심드렁하게 말했다. "음, 엄마가 쌍년처럼 굴었죠."

물론 경박한 대답과 달리 엄마와의 싸움은 재스민에게 끔찍한 경험이었다. 알고 보니 그 싸움은 일상적이었으며 음식 때문에 벌어졌다. 발단은 팻이 냉장고를 뒤진 것이었다. 문 열린 냉장고 앞에 있는 엄마를 보고서 재스민이 문을 닫으려 했지만 홱 밀쳐져 냉장고 모서리에 머리를 세게 부딪쳤다. 팻은 본체만체했다.

재스민: 엄마! 생선 좀 냉장고에 다시 넣어줘.

팻: 내일 저녁에 뭐 먹을지 알고 싶어.

재스민: 메뉴를 보면 되잖아. 안 볼 거면 내가 뭐하러 메뉴를 만들어?

팻: 누가 만들래?

재스민: 엄마가 그랬잖아.

팻: 난 **절대** 만들어달라고 안 했다.

재스민: 아니야, 엄마. 만들어달라고 했어. 그래서 엄마를 위해 만드는 거라고. 그러니 제발 날 위해 메뉴를 읽어줘.

팻: 내가 **내** 냉장고로 뭘 하든 네 알 바 아니야.

재스민: **우리** 냉장고야. 생선 다시 집어넣어. 내일은 새우를 먹을 거야.

팻: 어떻게 아니?

재스민: 내가 새우 요리를 할 거니까. 메뉴를 봐.

(팻은 어깨를 으쓱하며 계속 냉장고를 뒤졌다.)

재스민: 엄마, 다시 넣으라니까! 음식 꺼내놓으면 상해.

팻: 나한테 요리법을 가르칠 작정이니? 난 네가 태어나기 전부터 요리했어.

(팻이 닭 가슴살 봉지를 꺼내더니 흐뭇한 표정을 지었다.)

재스민: 엄마, 다시 넣어. 그걸로 뭐하게?

팻: 꺼내고 싶으니까. 내가 엄마고 넌 자식이야! 왜 맨날 일을 힘들게 만드니?

재스민은 머리가 욱신거렸지만 팻의 마지막 비난이 가장 쓰라렸다. 재스민은 엄마의 혼란과 냉장고 뒤지기가 알츠하이머병의 부작용임을 알았지만, 그녀의 일부는 엄마가 정말로 자신을 아낀다면 적어도 집안의 한 장소에서는 자신이 주도권을 행사하도록 해줄 거라 믿었다. 하지만 팻은 그러지 않았다.

재스민은 언쟁을 중단하고 부엌에서 나갔으며 그뒤로 엄마의 말을 못 들은 체했다.

물론 팻은 금세 이 사건을 모조리 잊었고 딸이 왜 대화를 거부하는지 이해하지 못했다. 엄마가 자신을 사납게 밀치고 날선 비난을 퍼부은 것에 충격받은 재스민은 쪽지를 하나 더 붙였다. "폭력은 답이 아님."

재스민은 이 이야기를 들려주면서 고소하다는 표정에서 후회하는 표정으로 바뀌었다. 그러고는 느릿느릿 말했다. "맙소사, 이런 죄책감이 싫어요. 싫어요, 싫다고요."

우리가 세번째 만난 날, 재스민은 난데없이 치매 때문에 사람들이 더 이기적으로 바뀌기도 하느냐고 물었다. 나는 치매가 종종 사람들을 이기적으로 **보이게** 할 수도 있지만 그런 자기중심성의 뿌리는 남들의 욕구와 감정을 따라가지 못하는 데 있다고 말했다. 이 말을 하면서 사무적 어조에 나 스스로도 움

찔했다. 내 대답은 여느 대답과 마찬가지로 논리적으로는 옳지만 질문의 요점을 놓쳤다. 다행히 재스민이 똑바로 알아들었다. "그게 그거 같아요."

실제로도 그렇다. 보호자에게 문제는 환자가 예전과 똑같아 보이는데 똑같이 대하지 않기가 무척 힘들다는 것이다. 그래서 배우자나 부모가 이상행동을 하면 보호자는 그들이 여전히 건강한 것처럼 반응한다. 사실 상당수는 환자의 행동을 바꿀 전략을 생각해낸다. 재스민이 쪽지를 테이프로 붙여둔 것, 샘이 아버지에게 자기 말을 세 번 따라 하라고 고집한 것은 둘 다 환자를 기억하게 만들려는 전형적인 방법이다. 샘은 내게 장담했다. "효과가 있다고요! 따라 하면 효과가 있어요."

"언제나요?" 내가 물었다.

"매번 그런 건 아니지만요." 그는 한발 물러섰다.

재스민에게 쪽지가 효과적인 것 같으냐고 물었더니 선뜻 답하지 못했다. 재스민은 알츠하이머병이 주의 지속 시간에 영향을 미친다는 걸 알았지만 포기할 엄두가 나지 않았다. "효과가 있을 때도 있어요." 재스민이 말했다.

처음에는 이 판단이 황당하게 들릴지도 모르겠다. 왜 결과가 들쭉날쭉한 전략에 의존한단 말인가? 유명한 실험에서 B. F. 스키너는 굶주린 비둘기를 새장에 넣고 무작위로 먹이를 주었다.[12] 관찰해보니 비둘기는 구구 울든 팔짝팔짝 뛰든 고개를 숙이든 제자리에서 맴돌든 먹이를 받기 전에 하던 행동을 강박적으로 되풀이했다. 그렇게 하면 또다른 보상이 주어질 줄 안 것이다. 스키너는 동물이 무관한 두 사건에서도 인과관계를 보는 성향이 있다고 추론했다. 더 나아가 이 성향을 미신, 주술적 사고, 의례적 행동의 근원으로 지목했다.[13]

또한 스키너는 생쥐에게 간식을 무작위로 주면 일정하게 줄 때보다 더 간절히 받고 싶어한다는 것을 발견했다.[14] 실제로 생쥐들은 보상이 중단되더라도 하던 행동을 좀처럼 그만두지 못했다. 인간도 마찬가지일지 모른다.[15] 무작위성은 긁어야 해소되는 인지적 가려움을 유발한다. 카지노를 운영하고 게임 앱을 제작하는 사람들은 보상을 예측 불가능하게 제공하는 것이야말로 이용자를 붙들어두는 비결임을 안다.

스키너의 미신적 비둘기, 강박적 생쥐, 중독성 게임 앱이 보호자와 무슨 관계일까? **때때로** 약을 복용하고, **때때로** 스케줄을 따르고, **때때로** 약속을 지키고, **때때로** 지시에 따라 음식에 손대지 않는 환자에게 우리가 반응하는 방식은 어떤 면에서 위의 사례들과 판박이다. 우리의 정상적이고 선택적인 기억은 전략이 먹히는 경우에 주목하여 실제로는 존재하지 않는 인과관계를 만들어낸다.[16]

예측 불가능성은 왜 이토록 심란할까? 우리는 왜 무작위성을 부정해야 할까? 과학 저술가 마이클 셔머가 『믿음의 탄생』에서 설명하듯, 우리가 패턴을 찾는 것은 연상을 형성하고 연관성을 보는 일이 생존 확률을 높이기 때문이다.[17] 어쨌거나 낯선 장면, 소리, 냄새, 그림자를 무작위적이거나 무해하다고 믿는 것보다는 위험과 관계있다고 믿는 쪽이 안전하다.[18] 안전하지 못한 것보다는 틀리는 쪽이 훨씬 나으므로 때때로 우리는 틀린, 심지어 얼토당토않은 연관성을 지어낸다.[19]

무작위 사건에 질서를 부여하는 본능이 어찌나 강력한지 심리학자들은 주도권 상실을 경험한 사람들이 존재하지 않는 패턴을 볼 가능성이 더 크다는 사실을 발견했다.[20] 알츠하이머병은 환자뿐 아니라 보호자에게서도 주도권을 앗아간다. 알츠하이머병 초기와 중기에 환자는 기분이 오락가락하고 인지 능력이 들쭉날쭉하며 기억이 가물가물하는데, 이 모든 현상은 혼란스러운 환경을 만들어낸다. 그래서 보호자는 이런 행동 변화를 예상하고도 그저 정당화하는 서사를 지어낸다. 어쨌거나 예측할 수 없는 것을 왜곡하여 친숙하게 느껴지는 것으로 만드는 것은 마음의 본성이다. 이런 식으로 알츠하이머병은 예측 불가능성을 만들어서 그 뒤에 숨는다.

재스민이 한마디로 정리했다. "엄마는 교활해요. 자기 편할 때는 알츠하이머 환자가 됐다가 그렇지 않을 때는 안 됐다가 하거든요." 엄마가 이따금 자신의 당부를 따르지 못하는 것은 재스민에게 병든 뇌의 무작위 활동처럼 느껴지지 않았다. 그보다는 딸의 요구를 무시하고 자신이 하고 싶은 대로 행동하려는 원래 성향과 맞아떨어졌다.

다시 말하지만, 알츠하이머병을 인식해도 버젓이 눈앞에 있는 병을 못 볼 수 있다. 카너먼이 설명하듯 인지 착각은 착시 못지않게 그럴듯하다.[21] 치매와 관계된 인지 착각은 더욱 솔깃하다. 착시는 우리가 보지 않을 때는 사라지거나 무의미해지는 반면에 치매 장애는 이 착각이 환자와 보호자 둘 다에 의해 영속된다는 점에서 우리를 그림 속으로 데려가기 때문이다. 사실 환자는 착각을 유발하는 셈이다. 앞에서 보았듯 알츠하이머병은 환자의 본모습을 갉아먹기 전에도 평소의 모습을 증폭할 수 있다.

팻의 알츠하이머병이 하루하루의 현실이 되자 재스민은 엄마가 자신에게 불어넣은 우등생 사고방식을 발휘했다. 세미나에 참석하고 관련 서적을 읽고 알츠하이머병에 맞게 환경을 바꿨다. 그러느라 사회생활, 일자리, 독립을 희생해야 했다. 그랬기에 맨날 일을 힘들게 만든다는 엄마의 핀잔은 재스민에게 마음의 상처를 입혔을 뿐 아니라 충분히 노력하지 않았다는 암시를 풍겼다.

팻이 딸의 주장을 논리적으로 이해하거나 딸의 당부를 새겨듣지 못한 것은 알츠하이머병 때문이었지만 팻의 저항은 **단지** 신경학적인 것으로만 느껴지지는 않았다. 팻이 인지 손상 때문에 딸의 당부를 따르지 못하긴 했어도 그녀의 반응은 자신의 옛 대처 방식과 일치했다. 까다로운 문제가 있을 때 **결코** 비난을 받아들이지 않는 것이었다. 재스민에게 가장 고통스러웠던 사례는 엄마가 딸의 섭식 장애를 인정하길 거부한 것이었다. 인정하지 않으면 딸의 문제에 대해 자신이 해야 할 역할을 이해하지 않아도 되기 때문이었다. 늘 분별력이 있고 너그러웠던 재스민이 부엌에서 엄마의 횡포를 참아 넘길 수 없었던 것은 이 때문일 것이다.

음식을 놓고 벌어진 이 다툼이 피상적으로 보일지는 모르겠지만, 재스민은 이 일이 지독히 부당하다고 느꼈다. 어쨌거나 재스민이 엄마의 음식 섭취를 통제해야 했던 데는 엄마의 탓이 컸다. 그런데 여기서 엄마는 그 통제권을 빼앗고 있었다.

엄마는 재스민의 질병을 한 번도 인정하지 않았지만 이제 재
스민의 삶은 엄마의 질병에 지배당하고 있었다. 언쟁을 벌이
는 동안 알츠하이머병이 재스민에게 보이지 않았던 것은 놀랄
일이 아니다. 보호자의 가장 취약한 맹점은 한결같이 오래전
가족에게 입은 상처다.*

* 많은 가족에게서 보듯 병이 진행될수록 환자는 통제권을 가질 필요성이 적
어진다. 그러면 자연스럽게 긴장이 가라앉는다. 너그럽게도 내게 이야기를 들
려준 다른 사람들과 마찬가지로 재스민은 갈등과 비난으로 점철된 시기에 대
해 내게 말해주었다. 하지만 시간이 흐르면서 재스민과 엄마 사이에 더 다정
하고 온화한 역학 관계가 생겨났다. —원주

4장 체호프와 좌뇌 통역사

왜 우리는 예전에 알던 사람이
여전히 눈앞에 있다고 믿을까

그리니치빌리지에서 제퍼슨 마켓 가든으로 이어지는 근사한 길 중 하나를 따라 가다보면 작은 이탈리아 식당이 있다. 예전에는 빌리지에서 더 유행했을 법한 식당이다. 실내는 오붓하고 어둑하며 빨간색과 흰색 체크무늬 식탁보 위에는 키안티 와인병에 양초가 꽂혀 있다. 엘리자베스 혼은 일이 끝나면 이따금 남편 미치를 만나 칵테일을 곁들인 저녁을 먹는다. 엘리자베스가 도착했을 때 미치는 대개 하이볼을 손에 든 채 종업원과 농담을 주고받고 있다. 엘리자베스는 남편과 입맞추고 탱커레이 토닉을 주문한다. 둘은 친구에서 연인으로 발전한 사이였으며 서슴없이 농담을 주고받는다. 두 사람의 테이블을 쳐다보는 사람은 누구나 부러움을 느꼈을 것이다. 엘리자베스가 이 유쾌한 시간과 그 이후를 두려워하고 있으리라고는 전혀 짐작하지 못할 것이므로.

엘리자베스는 키가 크고 우아한 오십대 후반의 여성으로, 그 저녁식사들에 대해 침착하고 소탈하게 이야기한다. 그래서 더 소름 끼친다. 식사가 끝나면 미치는 어김없이 아내에게 경계심어린 냉소적인 눈길을 보내며 말한다. "이제 당신은 당신 집에 가. 난 내 집에 갈 테니." 엘리자베스는 이 말을 들으면 고분고분 고개를 끄덕인 뒤 화장실에 가서 구두를 벗고 운동화로 갈아 신은 후 밖으로 뛰쳐나간다. 길을 건너 미치가 나타나길 기다렸다가 올바른 방향으로 가는지 확인한 다음 집으로 달려가 그를 기다린다.

엘리자베스는 미치가 스포츠재킷과 롤링 스톤스 티셔츠 차림으로 어슬렁어슬렁 걷는 모습을 볼 때마다 너무나 정상적으로 보여서 놀랐다. 그는 자신이 사랑에 빠졌던 남자를 빼닮았다. 오히려 자신의 모습이 더 알아보기 힘들었다. 가로등 뒤에 몸을 숨기며 세상 편해 보이는 남자를 뒤쫓는 불안하고 기진맥진한 여성. 그러다 엘리자베스가 힘껏 내달려 남편이 도착하기 몇 분 전 아파트에 먼저 도착했다.

미치는 집에 돌아와 여느 때처럼 활기차게 인사를 건넸다. "안녕, 자기. 어떻게 지냈어?" 그는 밀회는 이미 까맣게 잊었다.

"〈환상특급〉*에 나오는 이야기 같아요." 사연을 처음 듣고서 나는 그렇게 말했다.

엘리자베스가 한숨을 내쉬었다. "갈수록 심해져요. 정말이

---

* 미스터리, 판타지, 공포, SF 등 다양한 장르를 다룬 미국의 옴니버스 드라마.

에요. 무시무시했어요. 현실이 아닌 것 같았어요. 이튿날이 되면 처음부터 반복해야 한다는 걸 알았어요. 날마다 밤이 두려웠어요. 매일 밤이 악몽이었으니까요."

미치가 편안한 자세를 취하면 악몽이 본격적으로 시작되었다. 미치는 잡지나 텔레비전을 보다가 불쑥 고개를 들어 엘리자베스를 쳐다보며 나가라고 말했다. 처음에는 차분하게 집에 가라고 명령했다. 엘리자베스가 지금 집에 있는 거라고 말하면 미치는 콧방귀를 뀌었다. 자기가 여기 사는데 어떻게 그녀의 집일 수 있느냐는 것이었다. 미치는 서로가 아는 사이라는 것은 감지했지만 결혼했다는 사실은 잊어버렸다. 게다가 아내가 곁에 있는 걸 위협으로 느꼈다.

미치가 처음 이렇게 행동하기 시작했을 때 엘리자베스는 남편을 이해시키려고 최선을 다했다. 아파트에 있는 물건을 가리키면서 어디서 난 건지 상기시켰다. 이렇게 말했다. "이것 좀 봐. 우리 결혼사진 보여?"

미치는 심드렁하게 대답했다. "그래? 당신이 거기 놔뒀겠지."

"이건 뭐야?" 엘리자베스는 두 사람 앞으로 온 서류와 편지를 흔들며 말했다.

"음, 우리가 결혼했었는지도 모르겠군. 하지만 지금은 아니야. 미안하지만 나가줘야겠어."

엘리자베스는 합리적 논조로 전환하여 지연 작전을 썼다. "하지만 내 말 좀 들어봐. 벽장이나 집안 어디에 뭐가 있는지 전부 말해줄 수 있어. 우린 15년간 여기 살았어. 당신과 나 말이야. 기억 안 나?"

"그러니까 내 아파트에서 몰래 살았다는 거로군. 이제 내 물건 건드리지 말고 경찰 부르기 전에 나가."

알츠하이머병 초기에 엘리자베스는 남편에게 굴복하지 않으려 들었다. 이 방 저 방 다니며 이런저런 물건을 집어들었다. 코드곶에서 찾아낸 전등도 있었다. 그때 남편은 우아하면서도 우스꽝스럽다면서 그 전등을 꼭 사야겠다고 고집했었다. 집으로 가져오면서는 이렇게 농담했다. "이거야, 반은 당신을 닮았고 반은 나를 닮았잖아."

하지만 뭐라고 말해도 소용없었다. 미치는 이야기를 그만 지어내라며 그녀의 물건을 그의 아파트에 가져오지 말라고 윽박질렀다.

엘리자베스의 목소리가 절박해질수록 미치는 마치 자신이 망상 환자를 상대한다는 듯이 점점 노기등등했다. 때로는 저녁에 격분하여 엘리자베스의 목덜미를 길고양이처럼 움켜쥐고서 현관문 밖으로 밀쳐내기도 했다. 그러면 엘리자베스는 밤새 복도에 쪼그려앉아 있었다.

하지만 미치는 예측할 수 없었다. 어떤 때는 저녁에도 완벽히 정상이었고 어떤 때는 아량을 베풀어 엘리자베스를 머물게 해주었다. 하지만 갈수록 이상행동이 잦아지고 고집이 세졌으며 얼마 지나지 않아 엘리자베스는 밤마다 복도로 쫓겨났다. 결국 그녀는 주머니에 여분의 열쇠를 넣어두었다가 미치가 잠들었다 싶을 때 집안에 들어갔다.

엘리자베스는 이 모든 이야기를 들려준 뒤 이렇게 덧붙였다. "제가 우리 둘이 이 일을 겪도록 하지 않았다면 얼마나 좋았을까요."

"어떻게 여기에 당신 잘못이 조금이라도 있을 수 있죠?" 내가 물었다.

"남편에게 애원하고 언쟁하는 걸 훨씬 일찍 그만둘 수도 있었으니까요. 그랬다면 둘 다 훨씬 덜 상심했을 거예요. 이 교훈을 배우기까지 너무 오래 걸렸어요."

"그렇진 않을 거예요." 내가 대답했다. 나는 그런 거리 두기에 결코 도달하지 못하는 사람이 얼마나 많은지 알고 있었다.

하지만 엘리자베스는 고개를 저었다. "그게 가장 후회스러워요."

이길 수 없다는 걸 알면서도 왜 미치와 언쟁하는 함정에 빠지느냐고 물었다.

엘리자베스가 키득거렸다. "그건 말이죠, 그이가 모든 것에 답을 가졌기 때문이에요. 제가 뭐라고 말하든 논리적으로 입증하든, 그이에겐 나름의 설명이 있었어요. 포기하지 못한 제 잘못이에요."

내 얼굴에 떠오른 공감하는 표정을 보고서 엘리자베스가 말했다. "사람들은 늘 환자에 대해 물어요. '미치는 어때? 잘 지내고 있어?' 근데 그거 아세요? 환자는 괜찮아요. 돌아버리는 쪽은 보호자라고요."

환자가 모든 것에 답을 가지고 있으면 보호자는 굴레에 빠진다. 환자의 반응에 발끈하지 않기란 여간 힘든 일이 아니다.

아무리 터무니없더라도 답을 내놓긴 하니 보호자로서는 상대방의 정신이 아직 멀쩡하다고 생각하게 된다. 사실 환자가 답을 쏟아낼 수 있게 해주는 마음의 일부는 고스란히 남아 있다. 미치가 지금 의존하는 이 부분에 신경과학자 마이클 가자니가는 '좌뇌 통역사'라는 이름을 붙였다.[1] '통역사'는 모순과 혼란을 얼버무리는 무의식적 과정이다. 아귀가 들어맞지 않을 때, 예상이 뒤집힐 때, 뜻밖의 일이 벌어질 때 좌뇌 통역사는 우리가 이해할 수 있도록 설명을 내놓는다.

우리는 일상생활에서 사실과 논리에 의존하다가도 이것들이 예상과 어긋나면 뜯어고치는 경향이 있다. 우리는 이 현상을 시각계에서 보았다. '시각 통역사'는 착시에 빠지거나 시각적 결함을 얼버무릴 때 일정한 선입견에 끼워맞춘다. 좌뇌 통역사도 비슷한 방식으로 인지적 맹점, 낭패, 모호함, 누락을 메운다.

하지만 '통역사'가 요긴하긴 해도 나쁜 정보에 '침탈'당하면 실패할 수 있다.[2] 나쁜 정보는 안팎을 막론하고 여러 형태를 띤다. 이를테면 미치의 사례와 표면상으로 비슷한 기이한 질환인 카그라증후군[3]이 있다. 카그라증후군 환자는 사랑하는 사람을 사칭범으로 치부하거나 똑같이 생긴 분신으로 바꿔치기당했다고 생각한다. 잘 아는 사람을 문득 적대적인 낯선 사람으로 여겨 격분한다. 미치는 엘리자베스를 분신으로 여기지는 않았을지 모르지만 아내 행세를 하는 사칭범이라고 생각한 것은 분명하다.

카그라 환자의 뇌에서는 사람을 알아보는 부위들이 서로 갈등을 벌인다. 건강한 사람이 엄마를 '엄마'로 인식하는 것은 간단한 문제 같지만 실은 일종의 소위원회라 할 수 있는 뇌의 여러 부위가 '엄마'의 그림을 만들어내려고 협력한 결과물이다. 우리는 이 무의식적 활동에 대해 알지 못한다. 통일된 신경 복합체를 느끼고 그것을 '엄마'라는 사람으로 이해할 뿐이다. 하지만 카그라 환자의 경우 시각계는 상대방이 엄마를 닮았다고 인정하지만 정서 체계는 엄마처럼 느껴지지 않는다는 이유로 이의를 제기한다.[4] 이 모순된 메시지를 이해하기 위해 '침탈'된 좌뇌 통역사가 출동하여 일관된 이야기—이를테면 "상대방은 사칭범이 틀림없어"—를 지어낸다. 우리는 이렇게 뒤섞인 메시지를 인식하지 못하므로 통역사의 답만 바라본다.

마찬가지로 기억상실이나 혼란 때문에 불안해하거나 두려워하는 환자는 자신의 혼란에 대해 설명을 내놓을 것이다. 조력자가 지갑을 엉뚱한 데 뒀다고 비난하거나 사람들이 자신을 겨냥해 쑥덕공론을 한다고 주장할 것이다. 내적 부조화를 느끼면 그들의 무의식적 마음은 외적 원인을 찾으며 이 원인은 그들의 피해망상에 형체를 부여한다. 그래서 엘리자베스가 아내라는 증거를 맞닥뜨려 그녀가 딴사람이라는 자신의 느낌이 반박당했을 때 미치의 좌뇌 통역사는 증거에 대한 설명을 찾아냈다. 이를테면 엘리자베스가 사진을 몰래 아파트에 놔뒀으리라는 식이다.

수많은 환자가 자신의 왜곡된 견해에 대해 (틀렸긴 해도) 신속한 답과 합리화를 내놓는 데는 이런 이유도 있다. 뒤섞인 신호는 병증일지도 모르지만 그럴듯한 서사를 만들어내는 뇌의 성향은 지극히 인간적이다.

1962년, 오늘날이라면 비윤리적으로 치부되었을 실험에서 스탠리 샥터와 제리 싱어는 피험자에게 에피네프린을 투여했다.[5] 에피네프린은 혈관을 좁히는 합성 호르몬으로, 불안, 떨림, 발한을 일으킬 수 있다. 어떤 참가자들은 부작용이 없는 비타민을 투여받았다는 안내를 받았으며 나머지 참가자들은 그 알약이 심박수 증가, 떨림, 홍조를 일으킬 수 있다는 안내를 받았다. 부작용 가능성을 알게 된 참가자들은 그 즉시 자신의 불편함이 약 때문이라고 생각했다. 반면에 부작용 가능성을 몰랐던 참가자들은 불안을 느끼자 환경을 탓했으며 심지어 다른 참가자를 원망하기도 했다.

우리는 심란할 때 막막해하기보다는 이유를 찾으려 든다. 원인과 결과를 확인하려는 욕구는 좌뇌 통역사의 또다른 역할이며 여러 방식으로 표출된다. 이를테면 우리는 진짜 원인을 모르면서도 감정에 이유를 갖다붙인다. 사실을 왜곡하고, 오해를 변호하고, 주변에서 일어나는 일을 이해하게 해주는 것이라면 무엇이든 믿으려 한다.

애석하게도 엘리자베스 같은 보호자가 씨름해야 하는 상대방은 명료하면서도 갈팡질팡하고, 인지 손상을 입었으면서도 날렵하고, 자기 자신이면서도 자기 자신이 아니다. 환자와 마찬가지로 보호자도 이 혼란을 받아들이지 못한다. 어쨌거나 건강한 마음도 비일관성, 모순, 모호성을 싫어하는데, 물론 이것들은 치매 장애에서 무시로 나타나는 모습이기도 하다. 환자와 보호자는 좌뇌 통역사들의 전투에 휘말려 있는 셈이다. 서로 상대방이 일으키는 혼돈을 퇴치하겠다는 각오가 투철하다.

당연히 보호자는 막대한 대가를 치른다. 치매 초기에는 더욱 그런데, 환자가 인지적 자원을 놀랍도록 많이 끌어모을 수 있기 때문이다. 한번은 야간 '전투'에서 미치가 경찰을 부르겠다는 위협을 실행에 옮겼다. 911에 전화하여 모르는 여자가 자기 아파트에 있다고 신고했다. 같은 시각에 엘리자베스는 다른 전화기를 들어 남편에게 치매가 있으니 출동해봐야 시간 낭비라고 다급하게 속삭였다. 하지만 20분 뒤 경찰관 두 명이 찾아왔다. 미치는 격분해 있었고 엘리자베스는 흐느끼고 있었다. 그 순간 전혀 예상치 못한 일이 일어났다.

"미치가 다시 미치가 됐어요." 엘리자베스가 내게 말했다.

"어떻게요?" 내가 물었다.

"느닷없이 저를 기억하고는 마치 아무 일도 없었던 것처럼 경찰관에게 맥주를 대접하더라고요. 심지어 잠깐 머물다 가라고 청하기까지 했어요. 물론 경찰관들은 가야 한다고 말했지만요."

"그러니까 경찰관들이 아무것도 안 한 거예요?"

"그게, 남편에게 제가 아내분이 맞다고 말했어요. 진정하시라느니 하는 얘기도 했고요."

"남편분은 어떻게 하시던가요?"

"이렇게만 말했어요. '그럼요. 들러주셔서 고맙습니다.' 경찰관들이 떠난 뒤에도 남편은 멀쩡했어요. 심지어 저녁 먹으러 가고 싶으냐고 묻더라고요. 두 시간 전에 먹었는데 말이에요."

경찰이 떠난 뒤 엘리자베스는 사회적 자극이 미치에게 아내가 누구인지 떠올리게 했음을 깨달았다. 인간 상호작용이 그의 몸에서 흥분을, 그의 마음에서 혼돈을 씻어냈다(그럼으로써 좌뇌 통역사가 통역해야 할 위협이 사라졌다). 미치는 주위에 사람들이 있을 때는 엘리자베스를 알아보는 것 같았기에 친구들은 처음에는 엘리자베스가 무슨 일을 겪고 있는지 이해하지 못했다. 이 때문에 엘리자베스는 자신이 남편의 치매를 부풀린다는 오해를 살까봐 걱정스러웠다. 남들과 함께 있을 때는 남편이 멀쩡해 보였기 때문이다.

우리의 초기 면담에서 엘리자베스는 유난히 비참했던 순간을 떠올렸다. 그때 미치는 엘리자베스를 밀쳐내는 게 아니라 갑자기 긴장을 풀더니 텔레비전을 켰다. 채널을 이리저리 돌리다 영화 〈닥터 지바고〉의 오프닝 크레디트에서 멈춰 '라라의 테마'를 들으면서 엘리자베스의 손을 잡았다.

"우리가 손잡은 모습을 상상해보세요." 엘리자베스가 내게 말했다.

두 사람이 함께 소파에 앉아 있고 낭만적 음악이 공간을 채우는 장면을 그려보았다. 그런 순간이 엘리자베스에게 어떤 의미였는지 곱씹지 않는다면 감동적이라고 생각했을 것이다.

엘리자베스가 내게 말했다. "학대당해 늘 전전긍긍하는 여자가 된 기분이 들었어요. 남편의 어느 쪽이 발현할지 전혀 알 수 없었으니까요."

엘리자베스를 심란하게 한 것은 다정한 미치가 여전히 남아 있다는 것이었다. 자신을 알아보지 못하는 남자의 옆에는 자신의 머리를 쓰다듬고 어떻게 자기를 참고 지내느냐고 묻는 남자가 있었기 때문이다. 자신을 문밖으로 밀쳐내는 남자의 옆에는 둘의 기념일 영상을 찍고 당신 없이는 아무것도 못할 거라고 고백하는 남자가 있었기 때문이다. 그 미치가 존재하지 않았다면, 엘리자베스가 망상증 환자 미치만 상대했다면 그녀의 좌뇌 통역사는 골머리를 덜 썩여도 됐을 것이다. 하지만 엘리자베스의 뇌는 모순과 불확실성에 시달렸다.

알츠하이머병이라 하면 우리는 으레 자아가 지워지는 것을 생각한다. 하지만 자아는 대개 저마다 다른 자아들로 쪼개진다. 어떤 자아는 우리가 알아볼 수 있고 어떤 자아는 몰라본다. 철학자 퍼트리샤 처칠랜드의 말마따나, 기억과 마찬가지로 자아도 "전부 있는 게 아니면 아무것도 없다는 식"이 아니다.[6] 우리의 자아 관념은 뇌 전체에 흩어져 있으며 이런 탓에 알츠하이머병은 흔히 생각하는 것보다 더 복잡하다. 자아가 어떤 의미에서 이미 조각나 있다면 점진적 침식은 친숙한 성격의 밀물과 썰물 뒤에서 보이지 않을 수 있다. 물론 사례는 다양하다. 알츠하이머병이 자아를 없애기보다 일부를 전면에 내세우는 경우도 허다하다.

철학자들은 한 순간의 자아와 다음 순간의 자아가 어떻게 일관성을 유지하는지에 대해 늘 의견이 엇갈렸다. 그리고 대부분은 이 물음을 고찰하면서 어느 정도 거리를 두었다. 하지만 보호자는 그런 사치를 누릴 수 없다. 사랑하는 사람의 정체성 문제가 자신에게 실존적 영향을 미치기 때문이다. 지금 잡고 있는 손은 누구의 손일까? 이를테면 미치가 다정하다가 심술궂게 바뀔 때, 아내를 알아보다가 침입자로 인식하게 될 때 그를 '미치'이게 하는 것은 무엇일까? 치매 장애와 관련한 자아성selfhood 문제는 윤리적 문제도 제기한다. 이를테면 환자가 과거에 원했을 리 만무하지만 지금은 이해하지도 판단하지도 못하는 의료 처치를 승인해야 할까?

몇십 년 전 철학자 데릭 파핏은 한 사람의 세포를 다른 사람의 세포와 점진적으로 교체하는 사고실험을 고안했다. 그가 알고 싶었던 것은 어느 시점에 한 자아가 끝나고 또다른 자아가 시작되는가였다. 자아의 가변적이고 무정형적인 성격을 제대로 인식한다면 개인을 뚜렷이 정의하는 마법의 '성분'이나 본질이 어디에도 없음을 알 수 있다. 파핏 같은 철학자에게 이 질문은 미치가 더는 미치가 아니게 되는 순간에 대한 질문이 아니다. '진짜' 미치라는 건 애초에 없었기 때문이다. 철학자들은 진리에 대해, 논리적으로 정체성을 구성할 수 있는 것은 무엇이고 없는 것은 무엇인지에 대해 갑론을박할 수 있을지 몰라도 우리 마음에는 더 시급한 우선순위가 있다. 그것은 다른 사람과의 연결을 유지하는 것이다.

엘리자베스에게 미치는 여전히 미치였다. 사랑하는 사람의 정체성은 변화가 일어난다고 해서 증발해버리는 것이 아니다. 그러한 이유 중 하나는 심리학자 폴 블룸이 '본질적 자아'라고 부르는 것에 대한 무의식적 믿음일 것이다.[7] 발달 초기에 우리는 다른 사람들에게 영속적인 '깊숙한 자아'가 있다고 여기게 된다.[8] 자라면서 사람에 대한 이해가 점차 정교해지기는 하지만 '참된' 또는 '진짜' 자아에 대한 믿음은 지속된다.*

우리가 자아를 어떻게 정의하는지 궁금한 실험 철학자들이 참가자들에게 가상 뇌 이식 수술로 환자의 신체 능력, 전문 기술, 지능, 성격, 기억이 달라지면 무슨 일이 일어나는지 생각해보라고 주문했다.[9] 그랬더니 대부분의 참가자는 그래도 환자의 '참자아'가 고스란히 남아 있을 거라고 답했다. 환자가 물건을 훔치거나 사람을 죽이거나 아동 포르노를 내려받는 등 도덕적으로 자신답지 않은 행동을 시작할 때에만 '참자아'가 극적으로 달라진다고 결론 내렸다.

블룸의 설명에 따르면 우리가 이렇게 느끼는 이유는 사람들에게 있는 '선한' 성품을 참자아와 연관시킬 가능성이 크기 때문이다.[10] 물론 여기서 '선함'은 우리 자신의 가치에 의해 정의된다. 이 의미에서 다른 사람의 '참'자아는 우리가 소중히 여기는 것의 연장延長이다. 그러므로 본질적 자아가 도덕적 자아와 직관적으로 동일시된다면 치매에 따르는 인지 문제는 지엽적인 것으로 보일 수 있다. 따라서 성격 변화는 남편이나 아버지를 새로 정의해야 할 만큼 근본적인 요소는 아닌지도 모르겠다. 엘리자베스가 미치와 계속해서 언쟁한 이유는 '진짜' 미치, '선한' 미치, '아직 거기 있는' 미치, 예전이라면 자신을 도우러 와줬을 미치에게 호소하고 있었기 때문이다.

---

* 내가 '참자아'에 대한 직관을 언급하는 것은 생각에 오류가 있다는 의미가 아니다. 그런 직관이 치매를 앓는 사람을 바라보고 반응하는 방식에 종종 영향을 미친다는 사실을 지적하는 것일 뿐이다. —원주

보호자에게 '진짜 자아' 개념은 양날의 검이 될 수 있다. 이는 사랑하는 사람의 '진짜 자아'에 파고들려는 희망에서 환자와 언쟁을 벌이게 하는 한편, 크나큰 좌절을 가져올 수도 있다. 다른 한편으로 우리가 본질적 자아의 존재를 의심하기 시작한다면 자신이 돌보는 사람을 어떻게 설명할 수 있겠는가? 우리는 누구 때문에 고통받고 희생하고 있는 것일까?

사람에게서 연속성을 보는 것은 전적으로 자연스러우며, 진짜이든 아니든 본질적 자아 개념에는 귀중한, 심지어 실용적 쓸모가 있다. 다른 사람들에게 본질적 자아가 있다는 믿음을 타고나지 않았다면 우리는 가족이나 친구와 단절되기 십상일 것이다. 우리와 가까운 사람이 머리 부상에서 완치되지 않았거나 뇌질환을 앓고 있다면 더더욱 그렇다. 심지어 치매 장애 후기의 환자가 더는 가족을, 또는 자신조차 알아보지 못하더라도 보호자는 그들이 여전히 거기 있으며 무슨 일이 있어도 여전히 '엄마'이고 '아빠'라는 확고한 느낌을 간직한다.

그렇다면 더 나은 쪽으로 바뀌는 사람은 어떨까?

나는 퉁명스럽고 심술궂고 옹졸한 남편을 둔 여성과 이야기를 나누었다. 남편은 늘 불만에 차 있었으며 사람들이 최악일 거라 넘겨짚고 실제로도 그렇게 대했다. 하지만 전두측두엽치매가 발병하자 심성이 밝아졌다. 아내에게 공공연히 애정을 표했는데, 아내에게는 기쁘면서도 당혹스러운 일이었다. 예전에 무시하거나 헐뜯던 경비원과는 담소를 주고받기 시작했다. 기억력이 손상되고 일을 그만뒀지만, 앙심을 품는 것도 그만뒀으며 속상한 일이 있어도 금방 잊어버렸다.

이런 이야기는 흔히 들을 수 없다. 하지만 그럴 때면 보호자의 관계가 온갖 어려움에도 불구하고 어떤 면에서 수월해졌다는 것에 기쁜 마음이 든다. 그럼에도 이 여성이 남편과 걷고 말하고 잘 때 무엇을 느끼는지 궁금했다. 자신이 근사한 타인과 아침을 먹고 있다고 느꼈으려나? 그보다는 새롭게 근사해진 남편과 먹고 있다고 느꼈을 것이다. 우리에게는 본질주의적 본성이 깊이 박혀 있기에 이 여성의 상황을 다르게 판단할 이유는 전혀 없다.

좌뇌 통역사는 변칙과 기묘함을 묵살하며, 사실에 부합하지 않더라도 연속성을 만들어낸다. 카그라증후군 환자는 친숙한 사람을 보면서도 정서적으로는 낯선 사람으로 여기지만, 나머지 사람들은 사랑하는 사람이 점점 낯설어지는 것을 외면하고 계속해서 본질적 자아를 보기로 마음먹는 듯하다.

요즘 미치는 훨씬 차분하다. 인지 능력과 더불어 혼란도 사그라든 탓이다. 엘리자베스도 안정을 찾았다. 그럼에도 마지막 면담에서 엘리자베스는 남편이 여전히 이따금 발끈할 때가 있다고 말했다. 어느 날, 미치가 여느 때 같으면 거들떠보지도 않았을 컬러링 북에 색칠하다가 고개를 들고 말했다. "나한테 뭔가 문제가 있는 것 같아."

"그래, 자기야. 당신에겐 알츠하이머병이란 게 있어. 괜찮아. 내가 곁에 있으니까." 엘리자베스가 나직이 말했다.

미치는 이마를 찡그렸다. "아니, 그 말이 아냐. 난 그 병에 걸리지 않았어. 왜 그런 소릴 하는 거야?"

엘리자베스는 즉시 발언을 취소했다. "그런 식으로 그이를 자극했다는 게 한심했어요." 엘리자베스가 내게 말했다.

"그런 유혹을 이기긴 힘들어요. 당신은 원인을 설명함으로써 남편분에게 혼란을 느껴도 괜찮다는 허가를 내주려고 한 거예요." 내가 말했다.

"그래요, 맞아요. 하지만 당신은 저를 너무 좋게 보고 있어요. 저는 그이가 **알아듣기를**, 그래서 우리 **둘 다** 알게 되기를 바랐을 뿐이에요. 그래야 함께 맞설 수 있을 테니까요." 엘리자베스가 말했다.

나는 고개를 끄덕였다. 한순간 엘리자베스는 자신이 옛 미치, 진짜 미치를 엿보았다고 생각했다. 그래서 남편이 이해할 거라 생각하여 과거에 하던 것처럼 사실을 털어놓았다. 하지만 그 순간은 지나갔고 엘리자베스는 알츠하이머병이 가르쳐준 교훈을 잊은 것을 자책했다. 이 말을 하면서 엘리자베스의 눈에서 눈물이 글썽이기 시작했다. 수많은 보호자가 그러듯 남편을 돌보는 일이 너무나 힘들고 외롭다고, 마음 한구석에서는 그냥 끝나버렸으면 좋겠다는 생각이 든다고 털어놓을 줄 알았다.

하지만 엘리자베스의 말은 나를 놀라게 했다.

"아시다시피 저는 어떤 면에서 이 경험이 무척 고마워요. 오해 마세요. 알츠하이머는 지독한 병이고 누구도 걸리지 않길 바라니까요. 하지만 저 자신에 대해 많은 걸 배웠어요. 저의 한계에 대해 배웠어요. 제가 살아갈 수 있다는 걸 배운 것 같아요. 저는 생각보다 인내심이 많아요. 기대하지 않았지만,

아직도 사랑이 있다는 걸, 사랑이 떠나버리지 않는다는 걸 배웠어요. 알츠하이머가 사랑을 앗아갈 순 없어요. 그래서 고마워요."

감동적이었다. 종종 돌봄이 가진 구원의 측면에 대해 들을 때마다 감동한다. 그러다 나도 모르게 알츠하이머병 초기에는 전혀 다르게 느끼지 않았느냐고 물었다.

"아, 그럼요. 물론이죠." 엘리자베스가 말했다.

엘리자베스가 떠난 뒤, 내가 왜 그녀에게서 고통스러웠던 시절을 끄집어냈는지 생각해보았다. 자신의 아파트 복도에 앉아 있던 시절, 남편이 자신을 알아보지 못해 분하고 비참하던 시절 말이다. 나중에야 그것이 내가 그녀를 보호하려는 잘못된 판단에서 비롯된 것임을 깨달았다. 나는 그녀의 고통에 여전히 집착하고 있었다. 그녀가 겪은 일을 전부 알면서도 알츠하이머병을 쉽게 용서할 준비가 되어 있지 않았다. 알츠하이머병은 그녀의 인내나 감사를 누릴 자격이 없다고 생각했다. 어떤 면에서 나는 그녀가 어떤 사람인가에 대한 나 자신의 느낌을 가다듬으려 하고 있었다. 어쨌거나 방금 내 사무실에서 나간 평온한 여성은 더는 자기 집에서 쫓겨난 여성이 아니었다.

카너먼에 따르면 실제로 두 명의 엘리자베스가 있는 셈이다. 사건을 경험한 사람과 사건을 기억하는 사람. 그리고 각각은 고통을 다르게 가늠한다. 물론 '경험하는 자아'는 일시적이고 '기억하는 자아'는 영속적이다.[11] 기억하는 자아는 경험을 (좌뇌 통역사 방식으로) 조절하여 더 반듯하고 일관된 서사를 지어낸다. 엘리자베스의 초창기 돌봄 시절과 미치의 난폭한 행동은 이제 그녀의 기억하는 자아에 의해 다듬어졌다. 그 덕에 엘리자베스는 경험하는 자아에게 존재하지 않던 의미를 사건으로부터 끄집어낼 수 있었다.

카너먼의 두 자아 때문에 보호자 면담은 까다로운 문제가 되기도 한다. 돌봄에 적극적으로 헌신하고 있는 사람들은 나와 이야기할 시간이나 의향이 없을 수도 있는 반면에 돌봄을 끝낸 사람들은 자신이 살아낸 고통스러운 사건들을 시시콜콜 회상하는 데 종종 어려움을 겪는다. 이 베테랑 보호자들은 나와 이야기하려고 자리에 앉으면 실제로 어떤 일이 일어났고 자신이 어떻게 느꼈는지 회상하기보다는 자신이 배운 중요한 교훈을 전달하고 싶어한다. 사실을 고의로 숨기는 것은 아니다. 정서적 격랑이 가라앉으면 기억하는 자아가 우세해져 위로의 교훈을 더 직선적이고 이해하기 쉬운 서사로 엮어낼 뿐이다.

엘리자베스를 마지막으로 본 뒤 집으로 걸어가면서, 내가 나중의 강인한 여성보다 처음에 만난 '경험하는' 엘리자베스에 집착하는 이유를 계속 곱씹었다. 그때 엘리자베스의 만족감에 대한 나의 저항이 내가 좋아하는 희곡인 체호프의 『바냐 삼촌』[12]의 결말에 대해 느낀 저항과 같다는 생각이 떠올랐다. 마지막 장면에서 소냐와 바냐는 짝사랑과 회한에 시달린다. 바냐 삼촌은 멘토인 세레브랴코프 교수를 오랫동안 충실히 섬겼으나 이제 그가 자신의 애정과 충성을 누릴 자격이 없는 사기꾼임을 깨달았다.

귀뚜라미 소리가 사방에서 울려퍼지는 가운데 바냐와 소냐는 일터로 돌아가 자신의 삶을 정의하고 축소했던 자질구레한 일에 파묻힌다. 잠시 뒤 바냐가 세레브랴코프의 논문을 훑어보면서 실망감을 드러낸다. 하지만 희곡은 고요한 체념의 기록이 아니라 소냐의 히스테릭할 만큼 희망찬 연설로 끝맺는다. "우리는 포근한 마음과 미소로 지금의 불운을 돌아보며 기뻐할 거예요. 휴식을 취할 거예요. 휴식을 취하고말고요. 전 믿어요, 삼촌. 열렬히, 열성적으로 믿어요."

이 격정의 토로는 내게 거짓처럼 느껴졌다. 체호프의 등장인물은 괴로워할 이유가 충분하다. 그런데 왜 결말에 뜬금없는 희망을 끼워넣는 거지?

그때 문득 이런 생각이 들었다. 체호프는 우리가 가장 고통스러운 상심이나 끔찍한 실망은 이겨낼 수 있어도 그런 경험에 아무 의미가 없다고 생각하면서 살아갈 수는 없음을 정확히 이해한 것이었다. 실은 많은 보호자도 소냐와 같다. 그들은 자신의 투쟁을 돌아보며 '다감함'을 느끼고, 고통스러운 경험을 재구성하여 스스로를 치유한다. 엘리자베스는 자신이 겪은 격동을 생각하면서 미치에 대한 사랑이 오히려 깊어졌음을 느꼈다.

치매 장애는 혼돈, 황폐, 상실을 가져다줄지 모르지만 마음에 방어 수단이 없는 것은 아니다. 마음은 의미 있는 서사를 계속해서 엮어낸다. 심지어 사랑하는 사람과 자신의 본질적 부분을 허물려 하는 사건들로부터도.

5장 고집 세고 끈질긴 최고경영자

왜 우리는 환자에게 여전히
자기 인식 능력이 있다고 느낄까

브루클린 레드후크에서 자라던 어린 시절, 래니 펠코는 집에 가는 게 두려웠다. 길거리에서 벌어지는 일들이 더 좋았다. 작업복 차림의 남자들이 어슬렁거리는 부두, 목청 큰 여자들이 헤어롤러를 만 채 수다 떨고 담배 피우는 연립주택 현관 앞, 남자들이 모여 몸짓을 섞어 이야기하다가 자신이 다가가면 침묵하던 길모퉁이. 별일 일어나지 않았지만 적어도 무언가가 일어날 수 있다고 느껴졌다. 하지만 엄마, 여동생 둘, 자폐아 오빠와 함께 사는 방 네 개짜리 공공주택에서는 소음 말고는 아무것도 기대할 수 없었다. 스트레스에 시달리고 늘 정신 사나운 엄마 티나는 래니가 간절히 벗어나고 싶어한 소음을 오히려 키웠다.

열여덟 살이 되자 래니는 소음에서 벗어났다. 브루클린 법원 건물 근처에서 바텐더로 취직했다. 여피*들이 들락거리는 바가 아니라 동네 사람들이 드나드는 단골 술집이었다. 래니는 힘있는 변호사, 판사, 기자뿐 아니라 약삭빠른 사기꾼이나 잡범들과도 스스럼없이 어울렸다. 래니에게 술집은 돈이나 권력이 아니라 이야기가 대우받는 마법의 장소였다. 밤마다 사람들이 하나둘 들어오는 것을 보며 곧 시작될 연극을 기다렸다. 래니는 한 번도 실망하지 않았다. 래니는 술집에서 일하며 전 세계의 소식을 들었다. 레드후크에서는 늘 같은 소식뿐이었지만.

내가 래니를 알게 된 것은 2016년 가을이다. 전화로 몇 번 이야기하기는 했지만, 길고 고불거리는 불그스름한 머리카락이나 하늘거리는 구식 드레스와 카우보이 부츠 차림일 거라고는 예상치 못했다. 우리는 래니가 운영하는 동네 빵집에서 만났다. 래니는 약속대로 머리에 꽃을 꽂았다. 내가 래니를 발견하고 다가가자 그녀는 벌떡 일어나 나를 꼭 끌어안고는 자기가 만든 비스코티를 먹어보라고 닦달했다. 래니가 따스함과 둔감함이 유쾌하게 섞여 있는 사람이란 걸 알아차리기까지 딱 60초가 걸렸다. 재빠르고 똑똑하고 독학자인 래니는 시간 날 때마다 책을 집어들었다. 진지한 책이면 아무거나 괜찮았다. 사회과학, 역사, 전기, 무엇보다 철학을 좋아했다.

일요일이면 래니는 엄마 티나를 찾아갔다. 티나는 2년 전

---

* yuppie. 도시 주변을 생활 기반으로 삼고 전문직에 종사하면서 신자유주의를 지향하는 젊은이들을 가리킨다.

알츠하이머병에 걸렸는데, 래니는 엄마의 반대에도 아랑곳하지 않고 입주 간병인을 들였다. 아모이라는 이름의 솜씨 좋은 자메이카 출신 여성이었다. 티나는 아모이를 싫어했다가 의지했다가 존재 자체를 잊어버리기를 반복했다. 병이 진행될수록 고집이 점점 세져서 래니는 엄마를 찾아가고 싶지 않았다. 그래도 일요일마다 레드후크로 돌아갔다.

티나가 알츠하이머병을 진단받자 래니는 조사를 시작했다. 상당량의 의학 문헌을 비롯하여 손에 잡히는 대로 책을 찾아 읽었다. 그래서 티나와 싸울 때도 자신이 "대등한 사람을 괴롭히는 게 아니"라는 걸 유념할 수 있었다.

그날 빵집에서 래니가 말했다. "저희 엄마에 대해 아셔야 할 게 있어요. 엄마는 언제나 가장 바보 같고 힘들고 꼬불꼬불한 길을 선택하고선 자신의 결정이 옳다고 우기고 그 결과 때문에 고생해요."

이 길의 궤적은 래니를 슬프게도, 짜증스럽게도 했다. 티나는 대공황기에 태어나 열 살에 어머니를 잃고 동생들을 돌봐야 했다. 벽돌공인 아버지는 식탁에 음식을 올려놓기 위해 날치기를 했다. 삶은 고달팠으며 동생들은 티나가 자신들을 감시한다며 싫어했다. 티나는 동생들을 다 돌보고 나서 얼마 지나지 않아 자기 자식을 돌봐야 했다.

래니의 아버지는 점잖은 사람이었다. 신앙심이 깊었지만 상상력은 부족했다. 성경을 탐독했고 남들과의 교유에는 관심이 없었으며 장시간 일했다. 그는 부두 관리자로서 선하증권과 화물 이송을 담당했다. 자라면서 래니는 부모가 어떤 열정 때문에 결혼했든 그 열정이 오래전에 식어버렸음을 감지했다. 래니가 열여섯 살이 되었을 때 아버지가 출혈 뇌졸중을 일으켜 며칠 뒤 세상을 떠났다. 안 그래도 늘 불안에 시달리던 티나는 이제 생계를 유지하는 일에 온 신경을 쏟아부어야 했다.

아이였을 때조차 래니는 엄마가 현실을 받아들이려 하지 않는 것에 마음이 무거웠다. 티나는 도움을 거부하고 잠도 거의 자지 않았으며, 지칠수록 더 많은 책임을 떠맡았다. 그러는 내내 무엇 하나 잘못되지 않았다고 부정했다. 훗날 래니가 의사에게 가보라고 재촉하자 티나는 코웃음을 쳤다. 스트레스가 있어야만 역경을 헤쳐나갈 수 있는 결단력이 생긴다는 것이었다. 하지만 이 때문에 기진맥진하여 어리석은 선택을 내리기도 했는데, 자폐아 아들의 진료 문제에서도 마찬가지였다.

알츠하이머병은 상황을 더욱 꼬이게 했다. 티나에게 진단은 굳세게 이겨내야 할 또하나의 역경일 뿐이었다. 티나는 매일 부엌을 싹 바꾸고 또 바꿨다. 여기 있던 물건을 저기로 옮기고는 어디다 뒀는지 잊어버렸다. 물건을 찾지 못하면 아모이를 탓했다. 때로는 아직 함께 사는 아들 보비가 구운 치즈가 든 토마토 샌드위치를 먹고 싶어한다며 요리를 시작했다가 자기가 뭘 하는지 잊어버려 처음부터 다시 시작하기도 했다. 래니가 집에 와보면 엄마는 진이 다 빠지고 혼란스러운 상태였으며 만들다 만 샌드위치 여남은 개가 부엌에 널브러져 있었다.

당연히 래니는 그런 행동은 그만하고 긴장을 풀라고 애원했지만 엄마는 어떻게 해야 할지 몰랐다. 삶에서 혼돈을 다스리던 습관은 알츠하이머병이 악화하면서 광란으로 바뀌었다. 지금 여기엔 완전한 통제권을 요구하지만 이제 자신에게 통제권이 하나도 없음을 끊임없이 상기해야 하는 여성이 있다고 래니는 내게 말했다. 언제나 자신이 옳아야 했던 여성은 자신을 엉망으로 느끼게 만드는 질병을 느닷없이 맞닥뜨려야 했다.

하지만 연민은 래니가 엄마의 증상에 대처하는 데 도움이 되지 않았다. 티나는 탈수증 위험이 있어서 하루에 물을 네다섯 잔 마셔야 했지만, 아모이가 컵을 건네면 손사래를 쳤다. 아모이가 하라는 것은 무턱대고 거부했다. 굴복하거나 통제권을 잃을까봐서였다. 그래서 아모이는 종종 한밤중에 응급실에서 래니에게 전화를 걸어 다급한 목소리로 어머니가 탈수로 입원했다고 알렸다.

티나에게는 어떤 말도 소용없었다. 거대한 불의의 피해자인 양 분개할 뿐이었다. 행동을 고치고 아모이 말 좀 들으라고 부탁하면 고개를 끄덕였지만 그때뿐이었다. 래니가 늘 보았던 바로 그 수동성은 진단 이후에도 계속되었다. 래니가 뭐라고 책망해도, 어떤 의견을 표명해도, 어떤 도움을 제안해도 엄마는 심드렁했다.

래니는 이따금 이렇게 말했다. "엄마가 내 말을 안 들어서 돈이 나가고 있어. 일하러 가야 할 시간에 늘 여기 있어야 하잖아." 그러면 어머니는 먼 곳에 눈길을 던지며 중얼거렸다. "버젓한 사무직에 취직했으면 훨씬 좋았을 텐데. 하지만 에휴, 술 따라주는 직업을 선택하다니."

평상시에는 이런 말을 무시했지만, 어느 날 래니는 이성을 잃고 말았다. "제길, 엄마. 그게 이거랑 무슨 상관인데?"

어머니는 이 말에 차분하게 대꾸했다. "그래, 래니. 넌 모르는 게 없어. 늘 그랬지."

이 말을 전하면서 래니가 웃기 시작했다. 티나는 자신을 향한 비판을 뒤틀어 딸에게 돌려보냈다. 그리고 효과가 있었다. 래니는 엄마를 겁주는 게 아니라 자신이 겁을 먹고 말았다. 과거에는 티나의 비판이 대수롭지 않았지만 지금은 신경이 쓰였다.

5년 전 래니는 낡은 가구를 복원하는 사업을 벌였다. 하지만 새 진로가 시작되려는 그 순간 티나가 알츠하이머병 진단을 받았다. 이내 래니는 가게에 쏟아야 할 관심과 에너지를 엄마에게 돌릴 수밖에 없었다. 엄마를 돌보고 엄마와 아모이를 중재하고 전화벨이 울릴까봐 마음 졸이면서 래니는 완전히 고갈되었다.

언쟁을 벌일 때마다, 계획에 없이 집에 들를 때마다, 두려운 마음으로 응급실을 찾아갈 때마다 래니는 자신의 삶이, 자신의 마음이 사라져가는 심정이었다. 건망증, 집중력 부족, 판단 착오 같은 엄마의 인지적 문제가 점차 자신에게서도 나타났다.

래니가 두번째 면담에서 내게 말했다. "저는 이기적인 사람이에요." 래니는 어느 늦은 오후 내 사무실을 방문하면서 직접 구운 빵 한 덩이를 가져왔다. 빵을 자르고 나서 래니는 이렇게 말했다. "순교자가 되고 싶진 않아요. 엄마가 제 삶을 빼앗도록 내버려두면 절대 스스로를 용서하지 못할 거예요."

나는 고개를 끄덕였지만 래니의 본심은 엄마처럼 되고 싶지 않다는 것임을 직감했다. 오늘의 티나뿐 아니라 어릴 적 티나도 되고 싶지 않았다. 아내와 어머니로 살아가는 짐에 짓눌려 무뎌진 탓에 티나에게는 어떤 호기심도, 어떤 활력도, 세상과 관계 맺을 어떤 생명력도 없었다. 이따금 래니가 폭발한 것은 이 두려움 때문이었다. 래니는 엄마에게 싸움을 걸기 시작했다. 엄마가 낮잠 자거나 아무 일을 하지 않을 때도, 평상시였다면 자신이 만끽했을 순간에도 엄마를 들쑤셨다.

"왜 그런다고 생각해요?" 내가 물었다.

"저는 입에 문 뼈다귀를 놓지 못하는 개예요." 래니가 말했다. 그러더니 잠시 생각에 잠겼다. "모르겠어요. 어쩌면 그래야 저 스스로를 엄마의 삶과 분리할 수 있기 때문인지도 모르겠어요."

지금쯤 래니가 이런 깨달음을 얻은 것은 내게 놀랍지 않았다.

래니가 말했다. "제가 요전날 뭘 했는지 말씀드릴게요. 엄마를 흔들어 깨워 아모이 말 좀 들으라고, 안전하게 계셨으면 좋겠다고 백 번은 말했죠. 그랬더니 엄마는 의사들이 괜찮다더라고 말했어요. 그건 기억하고 있거든요. 그래서 제가 의사들은 듣기 좋은 소리를 하는 것뿐이라고, 엄마 기분을 좋게 해주고 싶었던 거라고 말했어요. 그러고는 농담을 던졌어요. '내가 엄마 딸이라서 다행인 줄 알아.' 그런데요, 엄마가 이 말에 키득거리더라고요. 거기서 그만둬야 했어요. 하지만 입바른 소리를 억누를 수 없었어요. 이렇게 말했어요. '의사들이 그거 말고 또 무슨 말을 했는지 알아? 엄마 탈수 증상이 위험하다고 했어. 그건 아모이가 물을 줄 때 받아 마셔야 한다는 뜻이야.

아모이 말 들어야 해.'"

래니가 기억을 더듬는 듯 머뭇거렸다.

"그래서 어떻게 됐어요?" 내가 물었다.

"아, 여느 때와 같았어요. 엄마는 궁지에 몰리고 변명거리가 바닥난 걸 알면 피해자 행세를 하고 징징거리기 시작해요. 이렇게 말하죠. '넌 이게 어떤 건지 몰라.' 그러면 저는 이렇게 말해요. '엄마한테 도움이 필요하다는 건 알아.' 그러면 엄마는 화가 나서 평소의 거만한 말투로 저는 말귀를 못 알아듣는 사람이고, 아무것도 이해하지 못하고, 사람들에게 이래라저래라 말만 한다고 대꾸해요."

래니의 말에서 짜증이 솟구치는 것이 느껴졌다.

"어쨌거나 이번에는 참을 수 없었어요. 해도 해도 정도가 있어야죠. 그래서 엄마 얼굴을 똑바로 들여다보며 말했어요. '아니, 이해 못하는 건 엄마야! 엄마는 치매야! 자기한테 문제가 있다는 걸 받아들이지 못하니까 모든 사람이 고통받길 바라는 거야. 엄마가 말을 듣지 않아서 응급실에 간 게 몇 번인지 알아?' 그러면 엄마가 뭐라고 하게요? 딴 데를 바라보면서 평소 하던 말을 되풀이해요. '그래, 그래. 넌 모르는 게 없어. 늘 그랬지.'" 래니가 말했다.

외부인의 눈에는 이 대화가 잔인해 보일지도 모르겠다. 어머니의 무력함을 꼬집을 이유가 어디 있나? 하지만 속상한 보호자가 환자의 독립 환상을 논박하는 것은 흔한 일인데, 화나서가 아니라 마음 한구석에서는 환자가 여전히 통제권을 가지고 있다고 믿기 때문이다. 통제권을 넘겨달라고 엄마에게 요구함으로써 래니는 엄마가 스스로에게 일어나는 일을 충분히 인식한다는 환상에 시달리고 있었다. 그것은 의식이 우리에게 불어넣는 생각이다.

의식은 진화의 궁극적 당첨 복권이며 우리가 환경 변화에 적응하고 그에 맞춰 변화하게 해주지만 스스로를 속이는 일에도 능하다. 마이클 가자니가가 『뇌로부터의 자유』에서 설명하듯, 인간의 의식은 우리에게 의사와 자유의지가 있다는 직관을 동반한다.[1] 이 직관은 의식이 지어내는 이야기에 의해 끊임없이 강화되는데, 이 이야기에서 의식은 우리가 하는 모든 행동의 책임자로 묘사된다. 통제권이 없는 사람이 계속해서 마치 통제권이 있는 것처럼 행동하는 것은 이 때문이다.

신경과학자 데이비드 이글먼은 한발 더 나아가 의식을 대기업 최고경영자에 비유한다.[2] 그들은 기업을 경영하지만 무슨 일이 일어나고 있는지, 회사가 매끄럽게 굴러가려면 실제로 무엇을 해야 하는지 모를 때가 많다. 최고경영자가 기업의 실적을 자신의 공으로 돌리는 것처럼 의식은 자신이 생각과 행동을 조율한다고 여긴다. 실제로는 거대한 무의식적 입력—이글먼이 뇌의 다양한 '소위원회'라고 부르는 것—에 대해 전혀 모르는 주제에 말이다. 우리가 내리는 의사결정의 상당수는 카너먼이 말하는 시스템 1의 자동적인 무의식적 과정을 통해 이루어지지만, 자신이 책임자라고 주장하는 쪽은 '최고경영자'인 시스템 2다. 이 주장엔 일리가 있다. 의식적이고 책임을 맡은 '나'에게서 생각과 행동이 비롯한다고 **느껴져야만** 하기 때문이다.

1983년 신경과학자 벤저민 리베트는 행동에서 의식의 역할이 얼마나 되는지 측정했다.[3] 참가자들의 머리에 전극을 부착한 뒤 손가락을 들어올리고 싶을 때 손가락을 들어올리라고 했더니 흥미로운 일이 일어났다. 뇌전도EEG 기록에 따르면 참가자들은 자신의 의향을 의식하기도 전에 손가락을 들어올리려는 충동을 느꼈다. 말하자면 우리가 실제로 인식하기도 전에 뇌의 무의식 하부 단위가 결정을 내리는 것이다. 의식은 자신이 책임자라고 느낄지 모르지만, 때로는 무의식 시스템에 의해 이미 결정된 것을 추인하는 것에 지나지 않는다.*

우리가 행동을 통제한다는 느낌은 의도가 행동에 선행한다는 일반적 직관과 부합한다. 그런데 정말 그럴까? 사회심리학자 대니얼 M. 웨그너 등은 무언가를 일어나게 하려고 의식적으로 의도한다는 감각이 '마음 최고의 속임수'라고 주장한다.[4] 널리 알려진 한 실험에서 과학자들은 사람들이 스스로의 행동을 통제한다고 생각하는 정도를 측정하려고 시도했다.[5] 참가자들은 화면 앞에 앉아 팔을 벌렸다. 화면이 빨간색으로 바뀌면 오른손이나 왼손 중 어느 쪽을 올릴지 선택하되 화면이 초록색으로 바뀔 때까지 기다렸다가 들어야 했다. 화면이 빨간

---

* 의식을 실증적으로 측정하는 일은 아직 맹아기이며, 이런 실험에서 도출된 결론에 대한 논쟁은 사그라들지 않고 있다. 내가 이 실험들을 언급하는 것은 '의식' '자유의지' '자기통제'의 역할을 긍정하거나 부정하기 위해서가 아니다. 의식 자체가 환각이라고 믿는 연구자가 있는가 하면 리베트를 비롯하여 이에 동의하지 않는 연구자도 있다. 여기서 나의 목적은 마음에 대해 확정적 주장을 하는 게 아니라 마음이 스스로를 어떻게 바라보는지 밝혀내는 것이다.
—원주

색에서 노란색으로, 다시 초록색으로 바뀌는 순간 참가자들은 선택한 손을 들었다.

다음에도 같은 지시를 받았지만, 이번에는 노란색 화면이 나타났을 때 경두개자기자극술TMS 운동피질의 왼쪽이나 오른쪽에 자기 펄스를 가했다. 이러면 한쪽 손을 다른 쪽보다 선호하게 된다. 그럼에도 참가자들은 자신이 들어올린 손이 선택의 결과라고 보고했다. 말하자면 의식은 통제권을 어찌나 탐하는지 자신이 내리지 않은 결정에 대해서도 자신에게 소유권이 있다고 느낀다.

이렇게 의식의 역할을 과대평가하는 현상은 사소한 결정뿐 아니라 현실에 영향을 미치는 결정에서도 볼 수 있다. 이를테면 판사는 판결을 정당화할 때 자신의 심의가 도덕 추론이나 객관적인 법률적 분석에서 비롯한다고 믿는다.[6] 허기, 암묵적 인종 편견, 변덕, 전반적인 인간적 결함이 (종종 더 보수적이고 징벌적인 판결의 형태로) 결정에 영향을 미친다고 알려주면 그들은 어김없이 거세게 반발한다.

의식은 우리가 특정 방식으로 행동하는 이유를 아는 데는 꼴찌일지 몰라도 공치사를 하는 데는 일등이다. 게다가 앞에서 언급했듯 의식적 과정은 무의식적 과정에 비해 에너지를 많이 쓰기 때문에 '값비싸다'. 그럼에도 의식적 과정은 대기업 최고경영자처럼 꼭 필요한 비용이다. 비록 실패할 때도 있지만 우리의 무의식적 과정 사이에서 갈등을 중재하는 데 중요한 역할을 하기 때문이다.[7] 의식이 없으면 우리는 인지 유연성을 전혀 발휘할 수 없다.[8] 일이 틀어졌을 때 개입할 존재가 없기 때문이다.

'건강한 뇌'에서는 최고경영자가 긴장을 풀고 태평스럽게 대부분의 업무를 무의식적 과정에 맡길 수 있다. 하지만 허물어지기 시작하는 뇌에서는 이글먼의 최고경영자 비유가 뼈아프게 작용한다. 이 최고경영자는 결함과 기억상실증이 있어도 즉각 사임하지 않는다. 자신이 여전히 책임자라고 모두에게, 특히 스스로에게 큰소리친다. 그리고 전형적인 최고경영자와 마찬가지로 일이 잘못되면 남 탓을 한다.

치매 장애를 앓는 사람의 입장에서 볼 때 자신의 문제는 대개 다른 사람의 잘못이다. 의식의 임무 중 하나가 지각이나 인지에서 낭패가 났을 때 개입하는 것이라면 치매 환자의 '최고경영자'는 뇌의 소위원회들이 점점 무능해짐에 따라 사사건건 개입해야 한다. 그래서 치매 환자가 찻주전자를 전자레인지에 넣거나 세제를 오븐에 넣으면 최고경영자가 피해 수습을 위해 불려 나온다. 이를테면 티나가 칼날이 앞을 향하도록 위험하게 부엌칼을 서랍에 넣은 것은 "이렇게 하면 내가 무엇을 가지고 있는지, 누가 물건을 가져가는지 알 수 있"기 때문이었다.

그리하여 보호자는 이중의 문제와 씨름한다. 치매 장애가 어떤 결과를 낳는지 알면서도 반대 증거에 아랑곳하지 않은 채 사랑하는 사람이 여전히 스스로를 책임질 수 있다고 믿는다. 혼란에 빠진 환자의 최고경영자를 호출하는 것은 이 증거, 증상 자체다. 래니에게 짜증스러웠던 것은 티나의 좀비 시스템에 있는 결함이 아니었다. 어슬렁거리고 합리화하고 남을 비난하는 참견쟁이 최고경영자였다. 티나의 최고경영자가 시시콜콜 간여하여 그녀의 내적 혼돈을 무마할수록 티나와 래니 둘 다 치매 장애의 잠식 정도를 오판하기 쉬워졌다. 물론 티나의 최고경영자가 래니의 평소 경영 방식을 조롱한 것도 오판에 일조했다("그럼, 래니. 넌 모르는 게 없어"). 이 모든 과정 때문에 래니는 엄마가 여전히 알면서 그렇게 행동한다고 생각하기 십상이었다.

환자의 최고경영자가 자신이 더는 효과적인 역할을 할 수 없음을 알아차리고서 시기적절하게 한발 물러난다면 삶이 얼마나 간단해지겠는가. 이렇게 된다면 치매 장애가 고스란히 드러날 것이다. 하지만 최고경영자가 친숙한 행동으로 위장하는 탓에 보호자는 환자의 자기 인식 환각에 말려든다. 이 환각을 부추기는 것은 환자가 이따금 말똥말똥할 때도 있다는 사실이다.

티나는 이렇게 말한 적이 있다. "남들은 다 그래도 너만은 입에 발린 소리를 하지 않으리라는 걸 안다. 내가 미쳐가고 있니?" 래니는 엄마가 이토록 나약해진 것을 보고서 가슴이 미어졌다. 그래서 부리나케 엄마는 미치지 않았다고, "치매가 살짝" 왔을 뿐이라고, 자신이 잘 수습하고 있다고 둘러댔다. 이 자기 인식 순간은 아주 가끔씩 찾아왔지만 이 때문에 래니는 엄마가 마음 깊은 곳에서는 스스로의 곤경을 이해하고 있으며 여느 때처럼 현실을 부정하고 주변 사람들을 힘들게 하는 쪽을 선택하는 것일 뿐이라고 생각한다.

게다가 의식은 자신이 믿는 것보다 덜 전지적일 뿐 아니라 하나만 있는 것도 아니다. 가자니가가 밝혔듯 뇌는 여러 개의 국소화된 의식들로 이루어진다.[9] 한 명의 최고경영자가 있는 게 아니다. 한 명의 우두머리가 결정하는 게 아니다. (물론 이 글먼의 최고경영자는 비유일 뿐이다.) 의식이 하나의 실체나 기능으로만 이루어졌다면 심각한 부상이나 알츠하이머병 같은 신경 질환에 의해 파괴될 수 있다. 하지만 의식은 한 장소에 저장하기에는 너무 중요하기에 여러 국소 부위에 분산되어 보호용 백업 시스템을 갖췄다. 의식이 한 장소에만 존재한다면 뇌의 모든 신경세포가 동기화되어야 할 것이며, 이로 인해 정보가 그 하나의 목적지에 도달하는 데 더 많은 시간과 에너지가 들 것이다.[10] 그러므로 탈중앙화된 뇌가 더 안전하고 효율적이다.

그래서 사람들이 치매에 걸리더라도 의식은 안전하게 보호받는다. 게다가 좌뇌 통역사는 와글와글 경쟁하는 뇌의 하부 단위들을 이해하는 하나의 이야기를 여전히 엮어내고 있다. 환자는 계속해서 자신을 통합된 자아로 여긴다. 이것은 아무리 손상되었을지언정 환자가 세상에 내보이는 자아다. 래니가 보기에 엄마는 그저 병을 언제 인정하고 언제 부정할지 선택하는 사람 같았다.

래니는 독서광답게 마이클 가자니가의 『뇌로부터의 자유』에 친숙했다. 마음이 스스로를 책임자로 느끼는 성향이 있는 이유와 감정이 종종 환각이라는 사실을 이해했다. 우리가 의식적 '나'를 과대평가하며, 자신이 항상 소유하는 것도 아닌 '나'에게 의지를 부여하는 경향이 있음을 알고 있었다. 또한 '깊숙한 자아'가 허구이거나 기껏해야 훨씬 복잡하고 조각난 형태의 자아일지도 모른다는 사실을 수긍했다.

하지만 이런 개념들을 아무리 이성적으로 받아들인들, 사색가 래니와 딸 래니는 달랐다. 엄마를 상대할 때는 모든 지식이 무용지물이었다. 알츠하이머병이든 아니든 래니는 엄마를 피질 손상 환자라거나 생각하는 마음이 없는 몸뚱이라고 여길 수 없었으며, 엄마의 성격과 행동에 대해 늘 반응했던 것처럼 반응했다.

래니가 서글프게 말했다. "간병인에게 이거 하지 마라, 저거 하지 마라 말하면서 제가 그런 행동을 다 하고 있어요. 아모이와 통화할 때면 우리 엄마와 언쟁하는 건 암과 언쟁하는 셈이라고 말해요. 말해봐야 소용없다고 말이에요. 마음이 아니라 부서진 기계와 언쟁하는 꼴이잖아요. 이렇게 말해요. '거기 뭔가 있을 거라고 생각하면 안 돼요.' 그런데 제가 일요일마다 찾아가면 똑같은 짓을 하는 거예요. 언쟁을 벌이고 고함을 질러요. 맙소사, 이런 위선자가 어디 있을까요."

래니의 말을 듣고서 나는 모든 보호자에게 해주는 말을 해주었다. "치매 장애를 대하다보면 누구나 가끔 위선자가 돼요."

래니는 특유의 따스한 함박웃음을 지어 보였다. 내가 자신의 '못된' 행동에 핑곗거리를 주려 한다고 생각하는 것 같았다. 하지만 나는 그러는 게 아니었다. 꼭 그런 것은 아니었다. 나는 래니의 행동을 정상화하고 있었을 뿐이다.

폴 블룸은 『데카르트의 아기』에서 인간이 이원론자로 태어나며 몸과 마음을 별개의 대상으로 취급한다는 사실을 밝혀낸다.[11] 성인이 뇌의 작동을 이해할 때조차, 우리의 직관은 신경 기제로 환원할 수 없는 측면—그것을 본질이라고 부르든 영혼이라고 부르든—이 마음에 있다고 말한다. 이 관점은 문화를 아우르는 기본값이다.[12] *

보호자는 환자의 욕구, 요구, 의도가 스스로 책임지는 마음이 아니라 손상된 뇌에서 비롯한다고 여기라는 말을 노상 듣는다. 친구, 가족, 정신 건강 전문가 모두가 당부한다. "그들이 아니라, 그들의 뇌가 그러는 거라고요. 그들도 어쩔 수 없어요." 하지만 수많은 사례에서, 수많은 가정에서 래니처럼 알 만큼 아는 보호자들이 마치 피해자가 여전히 책임자인 것처럼 치매 장애에 반응한다.

보호자만 이 오류를 저지르는 것이 아니다. 의사, 과학자, 심지어 냉철한 신경과학자조차 알고 보면 "골수 이원론자"[13]일 때가 많다. 물론 열에 아홉은 이렇게 말한다. "당신 어머니께서 일부러 그러시는 게 아니에요. 병에 걸리신 거라고요." 하지만 이렇게 말하는 사람들도 자신의 배우자나 부모가 치매

---

* 심신 문제는 아직도 해결되지 않았다. 많은 철학자들은 마음이 뇌 활동의 산물에 지나지 않는다고 생각한다. 다른 철학자들은 이 견해가 감각질(다시 말해 정신적 삶의 주관적 측면) 같은 중요한 사안을 외면하는 환원주의적 입장이라고 생각한다. 다른 데서와 마찬가지로 여기서도 나는 이 문제에 대해 입장을 취하지 않는다. 여느 인간적 직관과 성향에서처럼 내가 '이원론'을 언급하는 것은 치매 환자를 바라보는 우리의 관점을 어떻게 채색하느냐의 측면에서뿐이다. ―원주

장애를 앓게 되면 환자의 고약한 행동이 병든 마음이 아니라 의도적 마음에서 비롯한다고 느낄 것이다. 이원론이 명맥을 유지하는 이유는 심신 구별이 실제로는 이론적이지 않고 **생물학적**이기 때문이다. 이 직관은 몰아내고 싶어도 그럴 수 없다. 우리 인지 구조의 일부이기 때문이다.[14]

래니가 자유의지의 존재에 대해, 의식과 정체성의 성격에 대해 내게 이야기할 때 그녀의 말은 생각과 보조를 맞춰 점점 다급하게 쏟아져나왔다. 래니를 속상하게 한 것은 엄마의 뇌가 손상됐다는 것을 똑똑히 알면서도 치매 장애와 엄마를 구별할 수 없다는 것이었다.

"어디에 선을 그어야 할지 모르겠어요. 선생님은 아시나요?" 래니가 말했다.

잠시 생각하다가 질문 자체에 오해의 여지가 있지 않은지 물었다.

"그게 무슨 뜻이에요?" 래니가 눈을 반짝이며 물었다.

"그건, 어쩌면 질문에 이미 이원론이 전제되어 있는지도 모른다는 거예요. 여전히 '기계 속의 유령'이 있다고 전제한다는 거죠."[15] 옥스퍼드대학교의 철학자 길버트 라일이 만든 이 용어는 마음과 몸을 나누는 데카르트 이원론에 의문을 던진다. 여기서 유령은 마음이 아니라 몸과도 구별되고 어떤 신체 활동과도 구별되는 정신 활동 일반을 가리킨다.

래니는 이 용어에 이미 친숙했으며 나와 같은 생각이었다. "그러니까 똑같은 말씀을 하시는 거네요, 그렇죠? 선은 어디에도 없다는 거잖아요."

내가 말했다. "그래요. 하지만 선에 대해 이야기하기만 해도 선이 없다고 말하려는 목적이 훼손돼요. 질병이 시작되고 인격이 중단되는 선이 있다고 말하는 한 우리는 치매 장애가 하나에는 영향을 미치고 다른 하나에는 영향을 미치지 않는다고, 우리 자신의 특별한 부분은 불가침으로 남는다고 여전히 주장하는 셈 아닐까요?"

문득 이게 남 얘기가 아니라는 느낌이 들어 말을 멈췄다. "저도 여느 사람과 다를 바 없어요. 누구도 이원론으로부터 완전히 벗어나진 못해요."[16] *

래니가 킥킥거렸다. "저한테 오냐오냐 안 하셔도 돼요. 저는 지금이 좋아요. 그거 아세요? 제겐 자극이 필요해요. 언쟁을 벌일 사람이 있어야 해요. 터놓고 말할 사람 말이에요. 그러면 제가 무슨 생각을 하는지, 터무니없는 소리를 하는 건 아닌지 알 수 있어요. 대개는 터무니없는 소리 맞지만요."

래니는 스스로에게 너무 가혹했다. 엄마를 비롯하여 래니의 성장과정을 지켜본 사람은 누구나 그녀가 모르는 게 없다고 생각했다. 하지만 래니는 그저 모든 것을 알고 싶었을 뿐이다. 이 개념에서 저 개념으로 널뛰기하며 내게 자신을 도발하라고 부추긴 것은 이 때문이다. 그렇다면 엄마의 치매 때문에 래니가 관념이 더는 추상적이지 않은 곳으로 오게 된 것은 얄궂은

---

* 다시 말하지만 이 말은 이원론을 반박하는 것이 아니라 이 직관이 얼마나 강력한지 언급하는 것이다. —원주

노릇일까, 다행한 노릇일까? 이제 래니는 다음과 같은 철학적 관념들을 궁리하는 것과 **더불어** 학문적이지 않은 방식으로도 이해할 수 있다. 뇌가 치매로 달라지고 있는 지금 엄마는 누구일까? 무엇이 정체성을 정의할까? 의식의 본질은 무엇일까?

데카르트 이원론에 대해 알든 모르든, 보호자는 환자가 된 가족 구성원을 효과적으로 대하려면 그 이분법을 매일 거부해야 한다. 어떤 면에서 그들은 2000년 가까이 사상가들의 골머리를 썩인 철학적 난제를 극복해야 한다. 그리고 더욱 놀랍게도, 혼자서 그 일을 해낼 것으로 기대된다.

6장 매일이 일요일이라면

왜 우리는 환자의 현실을 의심할까

2016년 겨울, 캐시 오브라이언과의 첫 면담이 시작될 때 그녀가 당부했다. "명심하세요. 저는 성자가 아니에요."

나는 성자인 보호자는 한 명도 못 만나봤고 만나보고 싶지도 않다고 단언했다.

"그거 다행이네요." 캐시가 말했다.

육십대 후반의 캐시는 자그마한 체구에 반짝이는 회색 머리를 짧게 잘랐으며, 따스한 목소리에는 약간의 떨림이 있었다. 6년간 남편 프랭크를 돌봤지만 최근 "테레사 수녀만큼" 하지 못한다는 이유로 자책하기 시작했다.

캐시가 말하길 프랭크는 언제나 종교적으로 보수적이었으며 알츠하이머병에 걸린 후에는 가톨릭 성향이 더 두드러지게 나타났다. 발병 전에는 자신과 마찬가지로 건전한 정도의 회

의주의를 품었다고 한다. 하지만 기억력이 쇠퇴하기 시작하면서 점잔 빼고 규칙에 연연하는 측면이 드러났다. 치매가 남편에게서 "내면의 가톨릭 아이"를 끄집어냈다고 캐시가 씁쓸하게 말했다.

캐시는 남편이 더욱 종교적으로 바뀌는 광경을 지켜보면서 분노와 소외감을 동시에 느꼈다. 프랭크는 의례에 집착하기 시작했으며 일요일마다 성당에 가야 한다고 성화를 부렸다. 여기까지는 참을 만했지만, 프랭크에게는 매일이 일요일이었다. 몇 시간마다 옷을 차려입고 함께 성당에 가자고 캐시를 들볶았다. 오늘이 수요일이거나 토요일이라고 알려줘도 믿으려 하지 않았다. 달력이나 신문을 보여주면 한동안 잠잠해졌지만 이내 잊어버리고는 다시 옷을 입으라고 말했다. 유일한 해결 방법은 신부에게 전화하여 남편을 설득해달라고 부탁하는 것이었다.

"남편분께서 신부님 말씀을 당신 말보다 곧이들으면 어떤 심정인가요?" 내가 물었다.

엘리자베스가 키득거렸다. "글쎄요. 놀랍진 않아도 화가 나죠. 프랭크에게는 늘 권위의 대상이 있었어요. 그것들을 믿는답니다."

프랭크가 자신의 말을 믿지 않거나 신부의 말을 곧이곧대로 믿는 것보다 더 짜증스러운 일은 신앙심을 노골적으로 드러내는 것이었다. 남편이 성당에서 느릿느릿 성호를 긋는 모습을 보면 캐시는 독실한 표정을 짓지 못하도록 면상을 후려치고 싶었다. "교황과 결혼한 기분이에요." 캐시가 말했다.

알츠하이머 환자가 종교적으로 바뀌는 것은 드문 일이 아니다. 알츠하이머병은 으레 애착 체계를 촉발하기 때문에 환자는 부모나 어릴 적 집에 고착하는 것 말고도 또다른 '안전 기지'인 종교에서 곧잘 위안을 찾는다.[1] 그들은 질병이 잘 보이지 않게 하는 극단적 신앙심을 통해 병과 취약함을 만회한다. 성당에서는 환경이 마음을 안정시켜주기에 프랭크는 본디 모습처럼 보였다. 하지만 캐시는 남편이 '과시'한다는 느낌도 들었다. 의로워 보이려고 애쓰는 것 같았다. 신부 앞에서는 더더욱 그랬다. 캐시는 이것이 남편이 스스로를 달래고 기억상실과 혼란에 대처하는 나름의 방법임을 알았지만 지나친 열심에, 때로는 우스꽝스러운 행동에 숨이 막힐 지경이었다.

알츠하이머병이 진행되면서 프랭크는 점점 캐시를 온전한 사람으로 보지 않게 되었다. 캐시는 도구가 되었다. 프랭크가 고착을 쏟아붓는 그릇에 불과했다. 그래서 남편이 의례에 기대어 내적 혼돈을 승화할 수 있었던 반면에 캐시는 누구에게도, 무엇에도 의지할 수 없었다. 멋대가리 없는 남과 함께 사는 기분이었다.

캐시의 존재를 쪼그라뜨린 것은 남편의 신앙심만이 아니었다. 프랭크는 하루종일 텔레비전에 빠져 지냈다. 오후에 맨 먼저 하는 일은 리모컨을 집어들고 좋아하는 의자에 편히 앉아 야구 경기를 트는 것이었다. 메츠 경기가 없으면 제츠 경기를 보았다. 제츠 경기가 없으면 레인저스, 닉스, 자이언츠 경기를 보았다. 프랭크는 수동적인 시청자가 아니었다. 마치 더그아웃 옆에 자리잡은 양 누군가 땅볼을 놓치거나 태그 실수를 저지르면 선수더러 들으라는 듯 목청을 높였다. 실은 누가 실책을 저지를지 열광적으로 예측하기 시작했다. 이렇게 외쳤다. "그거 하지 마! 기다려! 기다리라고!"

영화도 프랭크를 흥분시켰다. 배우들에게 고함을 질렀으며 파국이 임박했다고 경고했다. 텔레비전 앞에서 주먹을 휘두르며 끔찍한 반전을 예고하기도 했다. 매력적인 배우가 나오면 대뜸 소리쳤다. "저 여자가 상의를 벗으려고 해! 하지만 아무도 보고 싶어하지 않는다고!" 프랭크의 즉흥적 외침과 우스꽝스러운 예언 때문에 무엇을 봐도 흥겹지 않았다.

어느 저녁, 몇 달간 시달린 캐시가 불쑥 일어나 욕실로 피신했다.

"그 자리에 앉아서 입다물고 있을 수 없었어요. 그렇다고 그이와 언쟁하고 싶지도 않았어요. 그래서 제가 악을 쓸 수 있는 곳으로 피한 거예요." 캐시가 내게 말했다.

캐시는 욕실 거울 앞에 서서 녹초가 된 여자를 보았다. 멍한 표정 때문에 현실과 유리되어 보였다. 그때 그곳에서 거울 속 자신에게 맹세했다. 프랭크를 떠나겠노라고. 그동안 할 만큼 했다. 이제 삶을 누릴 자격이 있었다. 종교적 맹종과 계속되는 괴성이 없는 삶을 살고 싶었다. 떠나도 된다고 스스로에게 허락하자 마음이 차분해졌다. 세수를 하고 숨을 몇 번 깊이 들이쉬었지만, 거실로 돌아가면서 마치 죽으러 가는 심정이었다.

캐시가 물었다. "더 비참했던 건 뭔지 알아요? 저를 보자마자 그이가 얼굴에 환한 미소를 띠었다는 거예요. 하느님, 그이는 저를 볼 때마다 기뻐해요. 더는 제가 어떤 사람인지 알지도 못하면서 저를 사랑한다고 말하죠. 하지만 사랑한다는 말로 화답하지 못하겠어요. 제가 뭐가 잘못됐을까요? 그이와 함께 있고 그이를 돌보고 싶어해야 마땅하지 않나요?"

캐시는 자신의 질문에 스스로 답했다. "물론 그래야죠. 그이는 아프니까요. 병에 걸렸잖아요. 그이의 고성과 한심한 예언을 받아줄 수 있어야 해요. 그런데도 그이의 잘못을 지적해요. 에롤 플린은 죽지 않을 거라고 말해요. 도리스 데이는 블라우스를 벗지 않을 거라고 해요. 저는 왜 이러는 걸까요? 제 말은, 그이가 뭐라 말하든 저랑 무슨 상관이라고 이러는 거죠?"

캐시가 부끄러워하는 표정을 지었다. "아시다시피 그이가 금요일인 줄 알 때 그래도 수요일이라고 말하는 경우가 있어요. 그런 착각은 알츠하이머병의 기본이잖아요. 그이를 타박해선 안 되는데 말이에요."

나는 미소를 지으며 비슷한 행동을 했던 보호자의 수를 헤아릴 수 없다고 말했다.

캐시는 다른 보호자들과 도매금으로 취급된 것이 불쾌했는지 헛기침을 했다. "아시다시피 프랭크가 알츠하이머병에 걸리기 전에 누군가 제게 당신이 해야 하는 일은 그에게 동의해주고 그의 현실을 받아들이는 것뿐이라고 말했다면 저는 이렇게 대꾸했을 거예요. '당연하죠. 그게 뭐 어렵겠어요?' 기수가 낙마해서 엉덩방아를 찧을 거라거나 기상 캐스터가 갑자기 맨살을 드러낼 거라고 그이가 생각한들 무슨 상관이에요? 내버려둬야 해요. 그이의 잘못이 아니니까요."

캐시의 잘못도 아니다. 인간은 '초사회적' 동물이기에 다른 사람들도 이 세상을 자신처럼 보길 바란다.[2] 공유된 현실을 바라는 이 욕구는 다른 사람들과의 연결을 만들어낼 뿐 아니라 느낌, 판단, 자아감을 승인하기도 한다. 이런 승인이 없으면 신체적으로 불안해질 뿐 아니라 자신이 무엇을 알고 어떤 사람인지에 대해 인지적 불확실성을 느끼게 된다. 게다가 상호 합의된 현실에 대한 이 욕구가 어찌나 강한지[3] 우리는 다른 사람들, 특히 사랑하는 사람들이 우리와 생각과 지각을 공유하는 정도를 자연스럽게 과대평가한다.[4] 그렇기에 배우자나 부모가 느닷없이 세상을 전혀 다르게 보면 우리는 지적으로는 이것을 증상으로 판단하면서도 무의식적으로는 암묵적인 사회적 약속이 깨졌다고 느낀다.

내가 캐시와 면담을 이어가는 동안 프랭크에게서 새 증상이 나타났다. 프랭크는 도둑들이 집을 감시한다고 철석같이 믿었다. 비가 오나 눈이 오나 문을 잠그고 창문을 닫으라고 고집을 부렸다. 프랭크의 잦은 경고와 과도한 경계심은 캐시를 폐소 공포증으로 몰아갔다.

캐시는 남편의 망상을 몇 달째 참아주다 어느 날 꼭지가 돌았다. 이렇게 소리쳤다. "당신을 노리는 사람은 아무도 없어! 아무도 당신 물건을 훔치고 싶어하지 않아! 당신은 치매야! 치매라고!"

하지만 프랭크에게는 절도 위협만이 현실이지 치매는 그렇지 않았다. 프랭크는 이렇게 받아쳤다. "내게 무슨 짓을 하는 거야? 당신 뭐 잘못 먹었어?"

캐시가 이 일을 떠올리며 못 믿겠다는 듯 고개를 저었다. "그게 말이죠, 그이 말이 백번 옳아요. 제가 뭘 잘못 먹었는지 모르겠어요. 그이가 발끈한 걸 탓하지 않아요. 누가 제게 치매에 걸렸다고 말하면 저라도 증오심이 들 거예요. 그런데 저는 왜 이렇게 행동할까요? 누가 이런 짓을 할까요?"

캐시는 자신의 이 심술궂은 면을 받아들이기 힘들었다. 캐시가 말했다. "늘 제가 예민한 사람이라고 생각했어요. 급기야 사람들이 힘들어할 때 발길질하는 사람이 돼버렸네요."

캐시는 프랭크가 알츠하이머병이 그에게 무슨 짓을 하는지 이해하지 못하는 것이 싫었지만 자신 또한 이 병이 그녀에게 무슨 짓을 하는지 제대로 이해하지 못했다. 치매는 정서 조절에 영향을 미치므로, 우리는 자연스럽게 환자가 감정을 주체하지 못하고 자신은 감정을 잘 추스를 거라 생각한다. 언뜻 생각하면 그럴 것도 같다. 손상된 뇌와 달리 건강한 뇌는 전전두엽피질PFC이 온전한데, 이곳에서 자기 조절이 일어나기 때문이다.[5] 그렇다고 해서 우리가 언제나 자기 조절을 할 수 있는 것은 아니다.

과학자들은 전전두엽피질이 자동적 전략과 노력을 요하는 전략이라는 두 가지 전략을 쓴다는 사실을 밝혀냈다.[6] 자기 조절은 혼자서 위협을 경험할 경우엔 노력을 요하는 전략이다.[7] 그렇기에 분노와 슬픔 같은 감정을 가라앉히는 데 더 많은 에너지가 필요하다. 사실 고독한 자기 조절은 에너지를 고갈시킬 수밖에 없다. 우리는 감정을 공동 조절하도록 진화했기 때문이다.[8] 공동 조절은 자기 조절과 달리 자동적이다. 사실 우리의 스트레스와 다른 누군가의 스트레스를 가르는 신경학적 경계는 뚜렷이 그어지지 않는다. 경우에 따라서 우리는 타인이 맞닥뜨리는 위협을 우리 자신이 맞닥뜨리는 것처럼 인식하는 듯하다.[9]

위협을 공동으로 경험하는 뇌의 성향은 심리학자들이 **부하 공유**load sharing라고 부르는 기제의 일부다.[10] 이름에서 알 수 있듯 부하 공유는 불안과 스트레스를 가라앉혀 에너지를 보전하는 방법이다. 진화의 어느 단계에서 부하 공유는 사람들을 단결시키는 적응 기제가 되었는데, 이것은 수가 많으면 안전하기 때문만이 아니라 공동체 안에 있으면 위협이 덜 위협적으로 느껴지기 때문이기도 하다.

그렇기에 건강하고 협력적인 관계를 맺은 사람들은 혼자라고 느끼는 사람들에 비해 위협을 심하게 느끼지 않는다.[11] 하지만 그렇다고 해서 관계가 늘 이로운 것은 아니다. 캐시처럼, 표면상으로는 혼자가 아니지만 혼자라고 **느낀다면** 자기 조절은 노력을 요하는 전략으로 바뀐다. 그러니 치매 보호자가 분노를 다스리느라 애먹는 것은 놀랄 일이 아니다.

배우자나 친척이 암에 걸렸을 때 어떤 일이 일어나는지 생각해보라. 환자와 보호자는 암의 고통을 받아들이면서도 그 현실을 어느 정도 함께 경험하며 서로 연민을 느낄 수 있다. 하지만 치매는 공동 조절 가능성을 차단한다. 환자는 자신이 신경 질환에 걸린 것을 모르거나 알기를 거부하며―환자 탓은 아니지만―보호자가 따라올 수 없는 세계로 물러난다. 보호자는 치매 환자가 느끼는 스트레스를 확실히 감지할 수 있는 반면에 환자는 보호자가 어떤 일을 겪는지 전혀 짐작하지 못한다. 그렇다면 보호자를 공동 조절해줄 사람은 누구일까? 서글픈 진실은 대부분의 보호자가 결국 외로움을 느끼게 된다는 것이다. 또한 자신이 짊어진 현실의 짐을 인정해주는 사람이 아무도 없어서 자신이 돌보는 사람만큼이나 감정 기복이 심해지기도 한다.

프랭크를 돌본 지 6년이 지나자 캐시는 이 모든 일이 부당하다는 생각에 짓눌리기 시작했다. 집에 갇혀 있는 게 싫었으며 자신이 그렇게 느끼는 것도 싫었다.

프랭크가 안전하다고 느낄 수만 있다면 어떤 일도 마다하지 않았지만 프랭크는 가상의 도둑이 두려워서 여전히 창문 열기를 거부했다. 캐시가 내게 말했다. "그거야 물론 이해해요. 제 말은 그 불쌍한 남자가 망상에 시달린다는 거예요. 그이는 환각을 봐요. 하지만 저는 그이를 위해 뭐든 해요. 신선한 공기를 쐬지도 못한다고요. 이 부당한 상황이 너무 화가 나요. 그러면 이런 감정을 느낀 저 자신이 옹졸하고 이기적으로 느껴져요."

캐시의 반응은 이해할 만했다. 부당함은 내키는 대로 할 수 있느냐의 문제가 아니다. 창문을 닫는 문제도, 누가 설거지를 하느냐의 문제도 아니다. 부당함은 사회적 연결의 상실을 나타낸다.[12] 보호자는 암묵적인 사회적 합의가 또하나 철회되었다는 느낌을 받는다.

사회심리학자 매슈 D. 리버먼에 따르면 공정함은 옳다고 느껴질 뿐 아니라 뇌에 깊은 쾌락으로 인식된다. 리버먼은 공정함이 "초콜릿처럼 달콤하다"[13]라고 썼다. 보호자와의 경험이 지금보다 적었다면 이 구절은 내게 재미있는 과장법으로 들렸을지도 모르겠다. 실은 내 자조 모임에 참여하는 누군가가 떠올랐다. 그 사람은 자신과 남편 사이에 정서적 교감이 이루어지지 않는 상황을 묘사하다 불쑥 이렇게 말했다. "굶어죽는 기분이에요. 우리 모두가 굶어죽고 있다는 생각이 들어요."

모임 참석자들은 그 말이 무슨 뜻인지 대번에 알아들었다. 오랜 관계가 느닷없이 일방적으로 바뀌는 것은 결코 공정하지 않다. 친밀감을 지탱했던 상호적 현실을 치매에 빼앗겨 잃어버리는 것은 공정하지 않다. 홀로 남겨지는 것은 공정하지 않다. 좋게 느껴지지 않으며 우리 안에서 선한 것을 끌어내지도 않는다.

고독이 신체적·정서적 건강에 미치는 영향은 확고하게 입증되었다.* 하지만 인지 건강에 미치는 영향은 이제야 밝혀지기 시작했다. 고독하면 주의 지속 시간이 짧아지며,[14] 환자의 고착과 망상에 대처하는 데 필요한 자질인 판단력과 자제력이 저해된다. 사실 자제력은 이미 한정된 자원이다.[15] 정서적이든 인지적이든 신체적이든 노력을 요하는 활동에 이미 들어가고

---

* 고독하면 우울과 불안 가능성이 증가한다. 면역력이 약해지며 비만, 운동 부족, 고혈압 못지않게 신체 건강에 해로울 수도 있다. 널리 알려진 연구에 따르면 고독의 신체적 비용은 담배를 하루에 열다섯 개비씩 피우는 것에 맞먹는다. ―원주

있는 것과 같은 종류의 에너지가 필요하기 때문이다. 그러니 여력이 있을 리 없다. 페이스트리나 담배의 유혹에 저항하는 데 필요한 에너지는 누군가의 망상[16]과 비합리적 요구[17]에 대처하는 데에도 필요하다.

보호자는 오른쪽 복외측전전두피질rVLPFC에 있는 "마음 브레이크"[18]를 밟아 스스로를 억제하려고 최선을 다하지만 알츠하이머병은 환자의 복외측전전두피질을 약화할 뿐 아니라 보호자가 자제력을 발휘하는 능력도 손상시킨다. 안타깝게도 보호자의 고독을 가중하는 증상은 정작 마음 브레이크를 효과적으로 밟지 못하게 하는 바로 그 증상이다.

이렇듯 치매 장애는 생리적 올가미 같아서 보호자는 자신이 타고난 충동과 직관을 끊임없이 이겨내야 하면서도 그럴 에너지를 빼앗긴다. 이 때문에 많은 보호자가 사회심리학에서 말하는 자아 고갈 상태에 놓인다.[19] 말하자면 나름의 '일몰 반응'*을 경험한다. 온종일 환자의 감정을 조절하고 질병으로 인한 실존적이고 지긋지긋한 부당함에 시달리고 나면 보호자 자신의 인지적 · 도덕적 저장고도 고갈된다.

실제로 하루하루 지나면서 보호자는 점차 자신이 돌보는 사람을 거울처럼 따라 하기 시작한다. 대부분은 그 사실을 알지도 못하지만 말이다. 그들은 통제력을 완전히 잃으며 그러고 나면 극심한 가책에 시달린다. 이때 그들은 스스로에게 정신

---

* sundowning. 중기와 말기 치매 환자에게서 해질 무렵이나 저녁에 혼란과 초조, 안절부절못하는 모습이 증가하는 양상.

차리고 더 열심히 노력하고 더 다정하게 굴라고 말한다. 이것들은 전부 이해할 만한 감정이지만 그 근원은 우리의 가장 강력한 착각 중 하나로, 우리에게 반응에 대한 선택권이 있다는 확신이다.

앞 장에서 보았듯 사람들은 자신에게 자유의지가 있다고 믿는 생물학적 성향이 있는데, 주된 이유는 의식이 스스로를 몸과 마음의 행동에 대한 책임자라고 철석같이 믿기 때문이다. 하지만 문제는 이렇게 간단하지 않다. 퍼트리샤 처칠랜드의 주장에 따르면 우리의 예상을 조정하기 위해서는 이 '절대주의' 접근법을 탈피하고[20] 자유의지를 정도—즉, 의사결정의 최적 범위[21]—의 관점에서 생각해야 한다. 마음이 받아들일 수 있는 반응의 규모가 때에 따라 다른 것은 분명하다.

처칠랜드는 의지력과 과식의 관계를 예로 든다. 얼마 전까지만 해도 비만은 의지의 문제이고 자제력만 있으면 이겨낼 수 있다는 것이 통념이었다. 하지만 자제력이 전부가 아니다. 렙틴이라는 단백질이 허기와 포만감에 영향을 미친다는 사실이 밝혀졌다.[22] 렙틴 유전자 돌연변이는 처음에는 생쥐에게 과식을 일으키는 것이 관찰되었으며 인간 참가자를 대상으로 한 최근 연구에서는 렙틴을 비롯한 유전 소인으로 인해 사람들이 비만에 더 취약해진다는 사실이 밝혀졌다. 실제로 우리가 의지력과 관계있다고 생각하는 많은 상황이 우리가 어찌할 수 없는 생물학적·환경적 요인에 좌우된다. 의지력은 있거나 없거나 하는 것이 아니다. 여건에 따라 늘어나거나 줄어드는 아코디언에 가깝다.

돌봄이 에너지를 고갈시킨다는 바로 그 이유 때문에 나는 보호자들에게 가끔씩 휴가를 가져 재충전하고 삶에서 의미와 기쁨을 찾으라고 권한다. 하지만 내가 알게 된바 모든 보호자가 의무에서 벗어날 기회를 덥석 잡거나 그때 만족감을 느끼지는 않는다. 나는 캐시에게 일터에서 혹은 친구들과 더 많은 시간을 보내라고 설득했지만, 캐시는 그러면서도 양가감정을 느꼈다. 돌봄에서 벗어나면 기분이 좋아지는 건 사실이지만 죄책감도 느낀다고 말했다. 남편이 아픈데 자기만 즐겨도 되나? 남편을 혼자 내버려두거나 간병인 손에 맡기는 것은 이기적이고 무책임한 행동 아닐까?

보호자와의 면담에서 가장 힘든 것 중 하나는 내가 그들의 죄책감을 덜어줄 수 없다는 사실을 절감하는 경험이다. 내가 당신은 휴식을 취할 자격이 있다고, 그러면 더 나은 보호자가 될 거라고 말하면 많은 사람은 그저 예의바르게 고개를 끄덕인다. 설령 내 조언을 받아들여 따로 시간을 보내더라도 죄책감은 좀처럼 가시지 않는다.

말로 설득하려 해도 소용없다. 최선을 다해도, 내가 이성에 호소하는 동안 죄책감은 직관에 호소한다. 많은 보호자는 자기 돌봄이라는 '목발' 없이도 자신이 해야 하는 일을 거뜬히 해낼 수 있다고 여전히 확신한다. 자신의 의지로 분노를 다스릴 수 있다고 믿는다. 이렇게 생각한다. '내가 충분히 보살피고 충분히 다정하고 충분히 조심하면 문제를 해결할 수 있어.' 애석하게도 이 자기비판은 그들이 성격 결함으로 바라보는 것에 집중된다. 문제의 진짜 근원을 인식한다면 우리는 스스로에게 훨씬 너그러워질 것이다. 그 근원은 자제력의 타고난 생리적 한계다.

7장 슈테판 츠바이크와의 저녁식사

왜 우리는 환자의 말과 행동을 개인적으로 받아들일까

프랑스 시민 세 명, 남자 하나와 여자 둘이 한 명씩 호텔 직원처럼 냉담한 표정의 안내인에게 이끌려 제2제국 양식으로 장식된 방에 들어선다.[1] 자신들이 죽었다는 걸 알지만 왜 일행이 되었는지는 모른다. 얼마 지나지 않아 그들이 일행이 아니라는 사실이 밝혀진다. 그들은 죄를 고백한 뒤 서로의 불안과 나약함을 먹잇감으로 삼는다. 남자는 이름이 가르생인데, 딱한 신세다. 한 여자는 그를 좋아하고 한 여자는 좋아하지 않는다. 당연하게도 그는 자신에게 퇴짜 놓는 여자에게 인정받고 싶어한다. 하지만 자신에 대해 설명할수록 여자는 그를 경멸한다. 그는 떠나고 싶은 마음이 간절하다. 종을 울려 안내인을 부르지만 오지 않는다. 그러자 그는 별 희망을 품지 않은 채 문으로 다가간다. 손잡이를 돌리자 뜻밖에 문이 열린다. 느닷없이 자유의 몸이 되었다. 다툼과 비난을 뒤로하고 떠날 수 있다. 하지만 그는 주저한다. 그리고 마침내 깨닫는다. 이곳은 지옥이다. 지옥은 고문실이나 유황불과는 아무 상관이 없다. 지옥은 타인이다.

헨리 프랭클과 아이다 프랭클은 맨해튼 워싱턴하이츠의 아늑한 방 세 개짜리 아파트에 산다. 헨리는 말소리가 나직한 여든다섯 살의 은퇴한 건축가로, 키가 작고 잘생겼으며 대머리에 귀가 조그맣다. 아이다는 더 아담하며 백발을 곱게 말아올렸다. 그녀는 늘 말쑥하게 단장하고 파우더와 라벤더 향기를 풍기지만 헨리만은 이게 얼마나 힘든 일인지 안다. 헨리가 아이다의 손톱을 깎거나 목욕을 시키거나 옷을 갈아입히려 할 때마다 아이다의 작은 얼굴이 못 알아볼 정도로 일그러진다. 구석에 몰린 사나운 짐승처럼 바뀐다.

헨리와 아이다는 둘 다 십대이던 1930년대에 각자 가족과 함께 오스트리아에서 뉴욕으로 이주했다. 둘은 뉴욕 시티 칼리지에서 만났으며 졸업한 지 꼭 1년이 지난 1953년에 결혼했다. 둘의 결혼생활은 평범한 우여곡절을 감안하면 괜찮은 삶이었다. 둘은 같은 소설과 영화를 좋아했으며 둘 다 실내악 애호가였다. 둘의 아파트에는 책과 다량의 도이치 그라모폰 레코드판이 진열되어 있다. CD는 없는데, 헨리 말로는 아끼는 음반을 배신할 수 없어서라고 한다.

헨리가 미국 문화에 금방 적응한 반면 아이다는 어릴 적 알던 빈의 세계를 그리워했다. 헨리가 중견 건축회사에 취직하여 경력을 시작한 반면 아이다는 정체성을 찾느라 애먹었다. 아이다는 작가가 되고 싶었다가 사진가가 되고 싶었다가 실내 장식가가 되고 싶었다. 자기 힘으로 무언가를 깎아내고 싶다면서도 무엇 하나 탄생시키지 못했다.

아이다는 칠십대 중반에 알츠하이머병 증세를 나타내기 시작했다. 쇠퇴는 점진적이었다. 평범한 기억상실과 그에 따르는 혼란을 겪었지만 삶은 전과 별반 다르지 않게 흘러갔다. 그러던 어느 날 헨리가 집에 와보니 아이다가 벽난로 장식 선반 위에 놓인 액자 속 사진을 향해 이야기하고 있었다. 둘은 세상을 떠난 친구와 가족의 사진을 집안 곳곳에 두었는데, 아이다는 사진을 하나하나 찾아다니며 삼촌과 사촌에게 무시로 말을 걸었다. 처음의 충격이 가시자 헨리는 아이다의 수다에 익숙해졌으며 그녀의 새로운 기행을 받아들였다. 헨리는 아이다의 친구와 친척을 잘 알았으며 그들이 아이다의 상상 속에서 어떤 배역을 맡든 개의치 않았다.

여든 살이 되자 아이다는 책과도 대화하기 시작했다. 등장인물과 이야기하는 게 아니라 저자 본인과, 정확히 말하자면 표지 사진과 이야기했다. 이것만은 헨리도 익숙해질 수 없었다. 아이다가 커피 테이블에 똑바로 세워놓은 책과 마주앉아 저자 사진을 향해 말을 거는 광경을 언제 맞닥뜨리게 될지 헨리는 전혀 알 수 없었다.

"저자들이 아내에게 대답하지 않아서 얼마나 다행인지 모르겠습니다." 헨리가 말했다.

아이다는 프루스트에게 빈에서의 어린 시절에 대해 이야기했고 버지니아 울프에게는 자신의 신혼여행에 대해, 헨리가 베네치아에서 어떻게 길을 잃었는지에 대해 이야기했다. 릴케 에게는 패션, 도자기, 대중음악에 대해 이야기했다. 헨리는 아 이다가 무슨 말을 할지 전혀 알 수 없었다. 얼마 뒤 **자신**이 아 내의 대화에 전혀 등장하지 않는다는 것만 알았다. 시간이 흐 르면서 헨리는 자기 집에서 불청객이 된 듯한 느낌이 들기 시 작했다. 실제로 이따금 장보기와 하루 일과에 대해 언급할 때 를 제외하면 아이다는 헨리에게 거의 말을 걸지 않았다. 자신 의 가장 따스한 모습은 2차원 친구들에게만 보여주었다.

어느 추운 봄날 내가 헨리와 만났을 즈음, 그는 슬픔과 놀람 을 더는 구별할 수 없었다. 하지만 점잖은 태도와 타고난 신중 함 때문에 사람들은 그의 말 아래에서 부글거리는 분노를 간 과하기 쉬웠다. 그 분노는 대부분 스스로를 향했다. 첫 대화가 끝나갈 무렵 헨리는 자신이 더 나은 남편이었다면 아이다를 알츠하이머병의 음울함과 수모로부터 구했을지도 모른다고 말했다.

낙담한 헨리가 내게 말했다. "아내는 그들에게 이야기할 때 는 제게 보여주지 않는 다정함을 보여줍니다."

죽은 작가들의 사진보다 못한 취급을 받는 남편에게 뭐라고 말해야 할까?

어느 아침 헨리가 일어나보니 아이다는 토마스 만과 수다 를 떨고 있었다. 두 사람이 같은 작가를 좋아한다는 사실이 한때는 둘을 하나로 묶었지만 이제는 둘 사이에 쐐기를 박는 다고 생각하니 아연했다. 『부덴브로크가의 사람들』의 작가를 어떻게 당해낼 수 있겠는가? 헨리는 별도리가 없었다. 사진을 질투하게 되었으며 때로는 대화를 엿듣기까지 했다. 그러다 아이다에게서 왜 염탐하느냐는 비난을 듣자 비참한 기분이 들었다.

헨리는 아내의 망상에 아무리 소외감을 느낄지언정 늘 아내를 지켰다. 의사나 친구들이 약물 치료를 권하면 발끈했다. 아이다가 행복하기만 하면 그녀에게서 풍성한 내적 삶을 빼앗을 이유가 전혀 없다는 생각이었다.

"적어도 우리 중 한 명에겐 사회생활이 있잖습니까." 헨리가 내게 농담조로 말했다.

어느 화창한 오후 클로이스터스미술관에서 헨리를 만났을 때, 그는 전날 밤 아이다가 손님을 저녁식사에 초대한 이야기를 들려주었다. 오스트리아 작가 슈테판 츠바이크, 1942년에 사망한 인물이었다. 헨리가 중얼거렸다. "슈테판 츠바이크를 저녁식사에 모시다니 제가 거물이라도 된 것처럼 느껴야 할까 봅니다." 헨리는 흥거운 말투를 꾸며내려 하지 않았다.

저녁식사는 순조롭지 않았다. 아이다는 식탁에 음식을 내려놓은 뒤 『어제의 세계』 표지에만 말을 걸었다. 헨리에게는 손님에게 롤빵을 건네주라고 말한 것이 전부였다. 이 말에 헨리가 자제력을 잃었다. 이렇게 소리쳤다. "당신은 우스꽝스러운 망상을 품고 있어! 그건 사진이야! 사진은 못 먹는다고! 당신의 미친 짓에 나까지 미칠 지경이야."

아이다는 침착하게 손님에게 음식을 대접했다. 하지만 아이다가 츠바이크에게 한입 드시라고 권했을 때 헨리가 불쑥 내뱉었다. "말했잖아! 사진은 못 먹는다고. 그러니까 내 말 좀 들어."

헨리는 이 일을 떠올리며 미소 지었다. "그게, 아내에게 이야기하니 기분이 좋았거든요."

하지만 이 감정은 금세 죄책감으로 바뀌었다. 아이다는 토라져 식사를 중단했다. 헨리는 아내가 이토록 나약하고, 자신의 하찮은 승리가 이토록 무의미하다는 것을 절감하고는 사과하고 용서를 빌었다.

헨리는 감정을 분출시키고 나니 낭패스럽고 비참한 기분이었다고 털어놓았다. 자신의 행동이 당황스러웠던지 이렇게 말했다. "사람들은 제 아내에게 문제가 있는 것처럼 말합니다. 하지만 문제는 접니다. 제가 문제가 있는 사람입니다."

헨리는 아내에게 매일같이 거부당하는 아픔을 떨쳐버릴 수 없었다. 개인적인 게 아니라는 걸 알면서도 개인적으로 느껴졌다. 이 사람은 아내, 60년 넘게 사귄 친구였다. 헨리는 아내와 떨어져 있어도 여전히 아내를 그리워했다. 목소리, 체취, 버릇이 그리웠다. 무엇보다 쓸모 있는 사람이라는 느낌이 그리웠다. 이제 헨리가 저녁을 요리하거나 아내가 옷 입는 것을 도와줘도 아내는 신경쓰지 않는 듯했다.

헨리가 자조하듯 말했다. "제가 뭘 기대하겠습니까? 아내가 '와, 당신은 정말 좋은 남편이야'라고 말하기라도 기대할까요?"

헨리는 스스로도 선뜻 인정했듯 남의 눈치를 살피는 성격이었다. 처음에는 깐깐한 어머니를 기쁘게 하려고 애썼고 다음에는 고객을, 그다음에는 물론 이따금 실망하는 아내를 기쁘게 하려고 노력했다. 아이다가 병에 걸린 뒤에도, 남편을 그저 간병인이라고만 인식하게 된 뒤에도 헨리는 여전히 아내를 행복하게 해주고 싶었다. 하지만 자신이 아내를 도우려고 애쓴다는 걸 아내가 알아주길 바라는 마음도 있었다. 자신을 높이 평가하기 위해 남들의 높은 평가를 바라는 것을 헨리는 자신의 약점으로 여겼다. 그리고 자신의 최우선 관심사가 자신의 자부심이 아니라 아내의 행복이어야 한다는 걸 알면서도 아내의 승인을 얻고자 안달한 것에 부끄러움을 느꼈다.

장폴 사르트르의 『닫힌 방』에서 지옥은 타인일지 모르지만, 의미심장하게도 불행한 주인공 가르생은 지옥을 **선택한다**. 그는 타인과 함께 있는 쪽을 선택한다. 여자들 중 하나라도 그를 나쁘게 생각하는 한 그는 떠날 수 없다. 사르트르의 의도는 우리로 하여금 가르생을 못마땅하게 여기도록 하는 것인데, 그 이유는 가르생이 타인에게 자신을 규정하게 함으로써 진정성의 기회를 포기하기 때문이다.[2] 엉겁결에 독자들은 사르트르의 평가에 동의할지도 모르겠다. 타인이 우리에게 영향을 미치도록 할 이유가 어디 있겠는가? 우리는 자신이 주변 사람들에 의해 부분적으로 형성된다는 것을 받아들이면서도 각자에게 자기결정권이 있고 자신의 일부는 외부 영향을 받지 않는 유일무이한 '자신'이라고 굳게 믿는다.

우리가 사안을 개인적으로 받아들이는 것에 대해, 또한 인지적으로나 정서적으로 우리를 승인할 수 없는 사람의 승인을 바라는 것에 대해 스스로를 책망하는 것은 이 때문이다. 사르트르는 틀림없이 이 자기비판만 수긍했을 것이다. 하지만 타인과 완전히 분리된 자신의 일부가 존재한다는 관념은 알고 보면 허구일 가능성이 크다.[3]

뇌는 그렇게 설계되지 않았다. 우리가 자신이 누구인지 생각할 때 활성화되는 뇌 부위인 내측전전두피질MPFC은 타인이 우리를 어떻게 지각하는지 생각할 때에도 활성화된다.[4] 신경학적으로 말하자면 뇌에는 타인의 영향으로부터 밀폐된 특별한 장소가 전혀 없다. 오히려 정반대다. 자아는 구멍이 숭숭 나 있다.

매슈 리버먼이 입증했듯 뇌는 외부 영향에 취약할 뿐 아니라 정체성의 기원인 부위는 "타인이 우리의 삶에 영향을 미치는 고속도로"[5]처럼 행동한다. 리버먼은 사실 자아를 "진화가 꾸며낸 가장 교활한 책략"[6]으로 여긴다. 자아는 타인의 생각과 개념을 품음으로써 다른 마음에 대해 수용적이 되도록 설계되었다. 하지만 자아가 정말로 교활한 것은 자신의 본질적 부분이 외부 영향에 휘둘리지 않는다고 믿지만 실은 사회적 압력의 무게에 무너지기 십상이라는 점이다. 이런 일이 일어나는 것은 우리가 공동체에 속하려는 욕구를 느끼기 때문일 뿐 아니라 진화가 우리를 사회적 존재로 만들었기 때문이기도 하다. 사회적 존재의 뇌는 다른 뇌의 세계관을 자연스럽게 흡수한다.[7]

사르트르는 내측전전두피질이 우리의 진정성을 부정하는 나쁜 행위자라는 사실을 알게 되더라도 어깨만 으쓱하고 말

것이다. 그렇다면 뇌의 이 부위가 활성화되거나 활성화되지 않으면 어떻게 될까? 우리가 외부 요인들의 영향을 받는다는 사실은 어떤 의미가 있을까? 어쩌면 우리의 결정이 더욱 중요해질 뿐인지도 모른다. 타인에게 영향받는 성향 때문에 엉뚱한 길을 따라 갈 수도 있기 때문이다. 어쩌면 스스로를 정의하는 데 더 열심히 집중해야 할 수도 있다. 사르트르는 심지어 우리가 진짜이기를 선택하는 한 여전히 '진정한' 개인일 수 있다고 주장할지도 모르겠다.

하지만 타인에게 전전긍긍하는 것은 우리의 **선택**이 아니다. 내측전전두피질의 활동은 신경의 습관이다.[8] 타인에 대해 생각하기로 선택할 때 우리가 내측전전두피질을 켜는 것이 아니다. 내측전전두피질이 우리 뇌의 기본값이기 때문에 우리가 타인에 대해 생각하는 것이다.

말하자면 사회적 추론은 생각만큼이나 자연스럽다. 진화는 우리를 추상적 생각과 문제 해결의 전문가가 되도록 밀어붙일 수도 있었지만 그러지 않았다.[9] 오히려 점점 복잡해지는 사회 관계망에서 살아남도록 우리의 사회적 추론 능력을 키워주었다. 우리가 타인에게 전전긍긍하는 것은 이 때문이다.

그렇다면 보호자가 고성, 거짓말, 무시, 부당한 비난, 불승인을 맞닥뜨렸을 때 이것이 그들의 자아감에 영향을 미치지 않도록 하려면 어떻게 해야 할까? 하지만 가르생처럼 그들은 머물기를 선택하며, 가르생처럼 그들은 친숙한 대상으로 둘러싸인 일상적 환경에서 자기 스스로 지옥에 들어간 것을 알게 된다. 어쨌거나 대부분의 보호자는 거실과 부엌에서, 기억을

간직하고 옛 행동 패턴을 촉발하는 방에서, 역학 관계가 전무
한 것보다는 불행하거나 심란한 역학 관계가 있는 쪽을 선택
하도록 저주를 내리는 방에서 '고문당한다'.

세 사람이 평범한 방에 있게 되는 또다른 시나리오를 생각
해보자. 사르트르의 방보다는 수수한 곳이다. 그들은 실험에
자원한 참가자이지만 자신이 어떤 일을 겪게 될지 전혀 모른
다. 그래서 어슬렁거리며 기다린다. 그중 한 명이 구석에 있는
공을 발견한다. 그가 공을 집어 별생각 없이 옆 사람에게 토스
하고 옆 사람은 자기 옆 사람에게 토스한다. 이내 그들은 다정
하고 느긋하게 공놀이를 한다. 그러다 아무 낌새도 없이 두 참
가자가 세번째 참가자를 끼워주지 않기로 마음먹는다. 뚜렷한
이유 없이 그를 무시한 채 둘이서만 공을 주고받는다. 따돌림
당한 사람은 자신을 빼놓고 놀이가 계속되는 광경을 하릴없이
지켜본다.

알고 보니 이 상호작용이 **바로** 실험이다.[10] 두 사람은 공모
자인데, 세번째 사람은 이 사실을 알지 못한다. 이 공놀이는
심리학자 킵 윌리엄스가 고안한 것으로, '사이버볼'이라고 불
린다. 당신이 세번째 사람의 역할을 맡았다고 상상해보라. 이
겨봐야 별게 없으므로 당신은 이 한심한 놀이에서 배제된들
대수롭지 않게 여길 것이다. 하지만 자신이 이렇게 따돌림당
하는 것에 개의치 않으리라는 생각은 오산이다.

이 점을 부각한 사람은 매슈 리버먼으로, 그는 기능적 자기
공명영상fMRI을 이용하여 사이버볼 실험을 재현했다.[11] 리버먼

은 사람들에게 나머지 두 참가자와 함께 디지털 사이버볼 놀이를 하라고 요청했다. 피험자는 자신이 진짜 사람들과 놀이하는 줄 알았지만 실은 프로그래밍된 아바타를 상대하고 있었으며 급기야 따돌림당하기 시작했다. 예상대로 상당수의 참가자가 따돌림에 대해 상심과 분노를 표했다. 게다가 뇌를 촬영했더니 사회적 고통에 민감한 뇌 부위인 배측전방대상피질dACC이 활성화되었다.

이 모든 현상은 예측할 수 있는 것이었다. 진짜 놀라운 일은 참가자들에게 당신을 따돌린 '적'이 실은 컴퓨터 프로그램이라고 알려주었을 때였다. 그들은 상대방이 기계라는 걸 안 뒤에도 여전히 사회적 고통에서 헤어나오지 못했다.[12]

헨리가 슈테판 츠바이크를 질투한다고 고백했을 때 나는 이 실험에 대해 생각했다. 헨리는 믿기지 않는다는 듯 같은 말을 반복했다. "슈테판 츠바이크에게 질투가 난다니까요! 슈테판 츠바이크에게 질투가 난다고요!" 헨리는 믿을 수 없었다. 하지만 나는 믿을 수 있었다. 우리가 컴퓨터의 따돌림에도 속상할 수 있다면 자신이 알고 사랑하는 사람에게 무시당하거나 일축당하거나 비난당할 때 어떻게 사회적 고통을 느끼지 않을 수 있겠는가?

아이다는 치매에 걸렸을지언정 헨리에게 덜 인간적인 존재가 아니었으며 그녀의 다른 '관계들'이 상상의 산물이라는 것 또한 중요하지 않았다. 중요한 것은 아이다가 헨리 없이 삶을 살아간다는 사실이었다. 우리의 생물학적 구조는 사회적 연결을 유지하려는 경향이 너무 강하기에 누가 따돌리느냐는 생각보다 덜 중요하다. 어쨌거나 생물학의 관심사는 섬세한 사고가 아니라 생존이니 말이다.

어쩌면 인간이 여느 포유류와 마찬가지로 고독을 고통스럽게 여기도록 진화한 것은 이 때문인지도 모르겠다. 따돌림은 말 그대로 상처를 입힌다.[13] 신체적 통증과 정서적 고통은 다르게 느껴질지는 몰라도 공통의 신경생물학적 원인에서 비롯한다. 배제의 느낌을 담당하는 배측전방대상피질이 신체적 통증도 담당하기 때문이다.

사회적 고통과 신체적 통증이 뇌에서 별반 다르지 않다면 타이레놀이 상심의 치료에 유익할지도 모른다.[14] 이것은 뜬금없는 주장이 아니다. 사회심리학자들에 따르면 몇 주에 걸쳐 위약 대신 진통제를 복용한 사람들은 배척과 고독으로 인한 고통을 현저히 덜 경험한다. 한 실험에서는 연구자들이 두 집단에게 사이버볼 놀이를 하게 했는데, 한 집단은 진통제를 복용했고 다른 집단은 위약을 복용했다.[15] 진통제를 복용한 참가자들은 따돌림에 대해 낮은 흥분 수준을 보고했을 뿐 아니라 뇌 촬영에서도 배측전방대상피질 활동이 현저히 적었다.

'정서신경과학affective neuroscience'이라는 용어를 만든 신경과학자 야크 판크세프는 우리의 애착 체계가 몸에서 자연적 아편 유사물질을 분비시켜 신체적 통증 체계에 편승한다고 주장한다.[16] 고독이나 집단으로부터의 분리가 생존을 위협한다는 것을 감안하면 타당한 전략처럼 보인다. 사회적 고통은 분명히 진화적 도구이자 우리를 뭉치게 하는 적응적 신호로, 생존 가능성을 높이는 데 유리하다.[17] 신체적 통증이 상해의 위험에 대한 경고인 것과 마찬가지로 사회적 고통은 고독의 위험에 대한 경고다.

다시 말하지만 이것은 진화적으로 일리가 있다. 분리와 고독의 고통을 느끼지 못하면 아기는 구태여 목청껏 울지 않을 것이고 엄마는 아이에게 문제가 생겨도 알지 못할 것이기 때문이다.[18] 이와 마찬가지로 엄마의 배측전방대상피질이 손상되면 아이의 울음에 반응할 가능성이 훌쩍 낮아진다. 실제로 어떤 불쾌한 실험에서, 배측전방대상피질을 손상시킨 쥐는 새끼를 돌보는 일에 무관심해 보였으며 새끼 중 20퍼센트만이 살아남았다.[19]

돌봄을 주는 것과 받는 것이 생물학적으로 연결되어 있기에 헨리는 아이다에게 퇴짜 맞고서 당연히 자신이 관심받지 못한다고 생각했다. 하지만 관계를 끊을 수는 없었다. 실은 관계를 재확립하려고 더 열심히 노력할 뿐이었다. 그러므로, 사르트르는 자아가 다른 자아에 매이지 않을 때만 진정할 수 있다고 믿었지만 생물학은 다른 계획을 가지고 있다. 실제로 자신에 대해 생각하는 것과 타인에 대해 생각하는 것이 신경학적으로 비슷한 데는 이유가 있다. 신경심리학자 니컬러스 험프리 말마따나 그 덕에 우리는 사회적 추론 능력을 가다듬고 연습할 수 있다.[20] 이것은 '너 자신을 아는' 수단으로서가 아니라 타인을 더 잘 알고 이해하기 위해서다.

물론 알츠하이머병의 고약한 구석 중 하나는 보호자의 적응 본능이 스스로에게 불리하게 작용하도록 한다는 것이다. 그래서 아이다의 관심을 잃어 헨리가 상심할 때 그의 고통은 더는 아내와의 연결이라는 자연적 목적에 이바지하지 않는다. 헨리는 마지막 면담들 중 하나에서 내게 서글프게 말했다. "아내의 행복이 곧 저의 행복이어야 한다고 생각합니다. 아내에게는 책과 사진이 있습니다. 제가 음악을 틀어주면 아내는 천국에 있는 기분을 느낍니다. 아내에게는 그것 말고는 아무것도 필요하지 않습니다."

헨리는 잠시 침묵에 빠지더니 이렇게 덧붙였다. "하지만 아내가 제게 아무 쓸모가 없다는 사실에 저는 어떻게 익숙해지나요?"

8장 배후 조종자

왜 우리는 이성에 대한 의존에서 벗어나지 못할까

신경과학자 안토니오 다마지오는 『데카르트의 오류』에서 특이한 환자를 우리에게 소개한다.[1] 엘리엇은 삼십대 중반의 회사원이다. 그는 기억력, 계산 실력, 길 찾기 능력 모두 뛰어나다. 학습 능력이나 논리 및 언어 실력에는 전혀 문제가 없다. 옳고 그름을 분간할 줄 알며 매력적이고 사려 깊고 유머 감각이 풍부하다. 정치, 시사, 경제에도 정통하다. 어떤 인지 검사에서도 결론은 하나다. 엘리엇에게는 아무 문제도 없다. 하지만 그의 삶은 산산이 쪼개지고 있다.

몇 해 전 양성 종양 하나가 엘리엇의 뇌 앞부분에서 발견되었다. 의사들은 종양과 더불어 환부인 전두엽 조직을 도려냈다. 엘리엇은 신체적으로는 어떤 부작용도 겪지 않았지만 점차 업무에 관심을 잃기 시작했다. 시간을 관리할 수 없게 되었으며 새 기획을 시작해도 끝맺지 못했다. 결국 일자리를 잃었다. 그런 다음 창업에 매달렸는데, 평판이 안 좋은 동업자들과 손잡기 일쑤였다. 엘리엇은 예금을 잃고 아내도 잃었다. 재혼했다가 다시 이혼했다. 이리저리 방황했으며 일자리를 찾지 못했다. 더는 사업에서든 인간관계에서든 합리적 결정을 내릴 수 없는 사람이 되었다.

다마지오는 어리둥절했다. 모든 인지 검사에서 좋은 성적을 얻은 사람이 왜 현실에서 버젓한 역할을 못하는 걸까? 시간이 흐른 뒤 다마지오는 자신이 문제를 잘못된 각도에서 바라보고 있다는 의심이 들기 시작했다. 엘리엇이 실패한 결혼, 단절된 경력, 친구들과의 절교에 대해 어떻게 이야기했는지 곰곰이 생각하다가, 그가 후회나 짜증을 한 번도 드러내지 않았다는 사실에 놀랐다. 엘리엇은 자신에게 일어난 일에 당혹스러워하긴 했지만, 걱정하지도 속상해하지도 않는 것 같았다. 엘리엇은 내면의 정서적 동요를 다스리는 일에 자신의 에너지를 쏟아붓고 있었을까? 아니면 애초에 그런 동요가 없었을까? 다마지오는 알 도리가 없었다. 다마지오가 아는 것이라고는 자신이 엘리엇의 삶에 대해 엘리엇보다 더 심란해했다는 것이었다. 이런 까닭에 다마지오는 엘리엇의 정서 능력을 의심하게 되었다.

이 생각이 계기가 되어 다마지오는 새로운 시도를 해보기로 마음먹었다. 불타는 집과 끔찍한 사고로 부상당한 사람들 같은 고통스러운 시각적 자극을 엘리엇에게 제시했다. 정상적이라면 강한 정서 반응을 일으키는 이미지들이었다. 하지만 엘리엇은 거북함을 전혀 드러내지 않았다. 지적으로는 사진들이

테러와 참극을 묘사한다는 걸 알았지만 생리적으로는 (따라서 정서적으로는) 어떤 고충도 느끼지 않았다. 호흡, 심박수, 뇌파는 사실상 변화가 없었다. 다음으로 다마지오는 뇌 영상화 기법을 이용하여 엘리엇이 자신이나 주변에 일어나는 일에 대해 정서적 연관성을 전혀 느끼지 않는다는 사실을 확인했다. 엘리엇의 문제는 "알 수는 있지만 느끼지는 못한다는 것"이라고 다마지오는 결론 내렸다.

나는 엘리엇 같은 사람을 한 번도 만난 적이 없었지만 그와 정반대로 보이는 사람 이야기를 들었을 때 그를 떠올리지 않을 수 없었다. 그녀는 알츠하이머병에 걸린 나이 지긋한 중국인 여성이었다. 이름은 민인데, 손녀―줄리아라고 부르겠다―가 어느 날 자신들의 관계를 논의하려고 내 사무실에 찾아왔다. 창문으로 들어오는 햇살에 줄리아의 둥글둥글하고 앳된 이목구비가 친숙한 고뇌의 표정과 안쓰러운 대조를 이룬다는 사실을 알아차렸다. 줄리아의 표정은 훨씬 나이 먹은 보호자의 표정이었다.

금세 알게 된바, 줄리아는 두 시간 간격으로 수면을 취하고 있었다. 이 패턴은 줄리아가 할머니의 아파트에서 나와 24시간 간병인을 구하고서 시작되었다. 줄리아가 잘 수 없었던 것은 언제라도 전화벨이 울릴 수 있다는 걸 알기 때문이었다. 할머니는 전화를 걸어 왜 줄리아가 옆에 없느냐고 묻거나, 아무 일도 하지 않고 양탄자만 닳게 하는 무능한 간병인들에 대해 불평했다. 간병인 중 한 명은 염소처럼 멍청하고 또 한 명은 소처럼 쓸모없고 다른 한 명은 돼지처럼 게으르다고 지청구를 놓았다.

간병인들도 시도 때도 없이 전화해 할머니의 끊임없는 괴롭힘에 대한 고충을 토로했다. 줄리아는 이 여성들이 형편없이 낮은 임금을 받는다는 걸 알았기에 그들의 괴로움에 책임감을 느꼈다. 할머니의 분노가 실은 당신 곁에 없던 자신을 향한 것이라고 생각했다. 하지만 줄리아가 무엇보다 두려워한 전화는 퀸스에 있는 중국계 간병인 파견업체 감독관의 전화였다. 감독관은 몇 주마다 줄리아에게 간병인에 대한 할머니의 가혹 행위를 중단시키라고 경고했다. 예닐곱 명이 이미 그만뒀으며 조만간 파견할 사람이 한 명도 남지 않을 거라고 했다. 한마디로 할머니가 '정신 나간' 행동을 그만두지 않으면 대책이 없었다.

이 시점에서 줄리아가 말을 멈추고 성난 표정을 지었다. "할머니에게 뭐라도 지시하는 게 어떻게 가능하죠? 할머니는 알츠하이머 환자라고요!"

"감독관은 이해 못해요?" 내가 물었다.

줄리아가 어깨를 으쓱했다. "그렇게 생각하실 수도 있겠지만, 간단한 문제가 아니에요."

줄리아는 알츠하이머병이 중국인 사회에서 문화적 맹점이라고 설명했다. 실제로 중국어 용어 '치매증癡呆症'은 '미쳤고 긴장증을 앓는다'나 '제정신이 아니고 멍청하다'라는 뜻이다.[2] 줄리아 할머니 세대에는 신경계 질환이 사실상 존재하지 않았다. 못된 행동은 못된 행동일 뿐이었다. 뇌가 아니라 사람이 문제였다.

민은 자신을 아는 사람들에게 여전히 예전의 버럭하는 자아였다. 알츠하이머병 때문에 식료품을 사고 집세를 내고 우편물을 처리하는 일이 더 힘들어졌을지는 몰라도 그게 반드시 무언가 잘못됐다는 뜻은 아니었다. 그럼에도 민은 자신이 예전 같지 않다고 느꼈다. 사람들이 자신을 얕잡아볼까봐 과도한 경계심을 품었다. 모두에게, 심지어 돕고 싶어하는 사람에게도 꿍꿍이가 있다고 손녀에게 경고했다. 친구, 이웃, 조카, 모두가 용의자였다.

"할머니는 어느 때보다 심해졌어요. 어떻게 해야 할지 모르겠어요." 줄리아가 내게 말했다.

나는 고개를 끄덕이며 이런 생각을 했다. 할머니가 알츠하이머병을 앓고 있다는 걸 간병인 파견업체 감독관도 모르는데 어떻게 다른 사람들이 알 거라 기대할 수 있을까?

내 생각을 읽기라도 한 듯 줄리아가 불쑥 내뱉었다. "할머니가 제멋대로 굴지 않으면 다들 할머니 기분이 변했구나 하고 생각해요. 피해망상조차 그러려니 하죠. 할머니는 늘 사람을 못 믿었고 늘 성을 냈어요. 사람들은 그저 민이 민처럼 행동한다고 말해요."

민은 선전 외곽의 한 마을에서 자라 삼십대 후반에 미국으로 이주했다. 어수룩하고 세상 물정 모르는 이민자처럼 보이고 싶지 않아서 불안감을 억누른 채 닳고 닳은 사람의 페르소나를 썼다. 40년간 억세고 고집 세고 자신감 있는 얼굴을 세상에 내보였다. 한번 마음먹으면 무르는 법이 없었다. 사람들이 자신을 상냥하지 않다고 생각해도 개의치 않았다. 상냥함은 미국인의 집착일 뿐이며 상냥하면 허점이 드러난다고 생각했다. 허점은 민에겐 감당할 수 없는 사치였다.

알츠하이머병은 민의 기질을 오히려 강화했다. 줄리아조차 어디까지가 할머니의 습관적 방어 기제이고 어디까지가 치매인지 확신할 수 없었다. 어느 차원에서는 구별이 존재하지 않았기 때문이다. 줄리아가 털어놓았듯 할머니의 질병에 대해 확신시키려고 가장 많은 시간을 들인 사람은 자신이었다.

나는 다른 보호자들에게서도 같은 말을 들었다며 그게 무슨 뜻이냐고 의무적으로 물었다.

줄리아가 웃음을 터뜨렸다. "아직도 그걸 알아내려고 애쓰는 중인걸요."

한 가지 이유는 할머니의 기억력이었는데, 이것은 줄리아에게 늘 수수께끼였다. 줄리아는 어릴 적에 조심조심 걸어야 했다. 할머니가 찡그린 표정이나 초조한 몸짓 하나하나를 고의적 반항으로 해석하여 대뜸 역정을 냈기 때문이다. 이따금 빗이나 무엇이든 손에 잡히는 걸로 때리기까지 했다. 체벌은 할머니 시절에는 드물지 않았으며 줄리아는 할머니의 감정 분출을 언제나 이해했다.

사실 매질과 고성보다 더 괴로운 것은 명백한 소거였다. 이튿날 아침 할머니는 자신이 저지른 일에 대해 일언반구도 하지 않은 채 마치 "잊어버려"라고 말하듯 줄리아 앞에 음식 접시를 밀어놓았다. 할머니가 자신의 감정 분출을 인정하지 않았기에 줄리아는 전적으로 안전하다는 느낌을 한 번도 받을 수 없었다.

알츠하이머병이 할머니를 집어삼킨 뒤에도 패턴은 여전했다. 할머니는 화를 못 참고 소리를 지르고도 15분만 지나면 손녀에게 과일이나 차를 갖다줬다. 그 일을 잊은 걸까? 줄리아는 알 수 없었다. 스스로 자초한 불편한 상황을 다시 한번 외면하려 한 걸까? 아니면 알츠하이머병 때문에 잊어버렸을까? 할머니가 기억하지 못하면 어떻게 올바른 행동을 하게 만들 수 있을까? 할머니를 행복하게 해드렸는지 어떻게 알 수 있지?

이 젊은 여성이 스스로를 고문하는 말을 듣다가 왜 모든 책임을 혼자 떠맡느냐고 물었다. 줄리아는 잠시 생각에 잠기더니 복잡한 가족사를 털어놓았다. 민은 알고 보니 친할머니가 아니었다. 줄리아의 어머니는 유부남과 바람이 났다. 남자는 줄리아나 그녀의 어머니와 함께 지내는 시간이 거의 없었으며 달갑잖은 자식에게 냉담하고 무관심했다. 그래서 줄리아는 아버지가 고용한 정기 돌보미의 손에 맡겨졌다. 그 사람이 민이었다.

부모 중 어느 쪽으로부터도 조건 없는 사랑을 받아보지 못했기에 줄리아는 무엇도 당연하게 여기지 않았으며 모든 사람에게 자신을 증명하려고 애썼다. 자신이 할머니로 여기게 된 사람에게는 더더욱 애썼다. 조카들 말고는 가족이 전혀 없던 민은 줄리아의 사랑에 보답했다. 하지만 민에게 사랑이란 둘 사이에 경계가 있을 수 없다는 뜻이었다.

줄리아는 나를 보러 왔을 즈음 사방에서 시달리고 있었다. 그만두겠다고 으르는 간병인을 달래고 그들을 복귀시키겠다고 으르는 파견업체 감독관을 상대해야 했을 뿐 아니라, 할머니에게 당신이 버림받지 않았음을 거듭거듭 확인시켜주어야 했다.

"이십대에 이런 식으로 살아갈 수는 없을 것 같아요." 줄리아가 말했다.

나는 "맞아요"라고 말하고는 이렇게 덧붙였다. "할머님은 운이 좋으세요. 당신이 있으니까요."

줄리아가 정색하고 말했다. "운좋은 건 저예요. 할머니가 저를 구해주셨으니까요. 할머니 없는 제가 어떤 사람이었을지, 어디에 있게 됐을지 상상이 안 돼요."

이 말을 듣자 할머니에게 고마워하는 줄리아의 마음이 알츠하이머병에 희생당할까봐 걱정스러웠다. 그래서 첫 면담을 마무리하면서 마음이 무거우면 언제든 돌아오라고 은근히 강권했다.

일주일이 채 지나지 않아 줄리아에게 연락을 받았을 때 내가 놀랐다고는 말 못하겠다. 줄리아가 좋아하고 가장 의지하던 간병인이 느닷없이 그만두겠다고 통보했다. 줄리아는 망연자실했다. 이 간병인(유엔이라고 부르겠다)은 예전 간병인들과 달리 알츠하이머병을 이해하려고 실제로 시도했다. 할머니의 뇌에 문제가 있다는 걸 이해해주었으며 줄리아를 웃기려고 애정을 담아 할머니 흉내를 내기도 했다.

유엔이 그만둘 작정이라는 걸 알고서 줄리아가 충격을 받은 것은 이 때문이었다. 줄리아가 허겁지겁 민의 아파트로 달려갔더니 유엔은 눈물범벅이 되어 있었다. 유엔이 운 것은 할머니가 소리지르거나 자신을 내쫓으려 해서가 아니라 자신을 믿지 못하겠다고 말했기 때문이었다. 할머니는 유옌이 여기 눌러앉아 있는 것은 아픈 아이를 키우고 있어서 일자리를 잃는 것을 감당할 수 없기 때문 아니냐며 몰아세웠다.

유옌이 흐느끼다 줄리아에게 말했다. "할머님의 문제는 심술궂거나 병에 걸리신 게 아니에요. 진짜 문제는 여전히 사리에 밝으시다는 거예요."

이 지적이 줄리아를 뒤흔들었다. 줄리아는 할머니가 아무리 정신 나간 행동을 해도 여전히 그 행동에 논리가 있다고 믿었다. 괴상하고 기형적인 논리일지는 몰라도 그 아래에는 분별력이 깔려 있었다. 줄리아는 이렇게 말한 뒤 짓궂은 미소를 지으며 덧붙였다. "할머니는 사리에 밝은 정도가 아니에요. 배후 조종자라고요."

내가 흥미로워하는 표정을 짓자 줄리아가 말을 이었다. "할머니가 무슨 짓을 할 수 있는지 들어보세요."

할머니가 신상 정보를 이용하여 상황을 모면하려 한 것은 처음이 아님이 분명했다. 이전 간병인에게는 줄리아가 와 있을 테니 주말에 쉬라고 말했다. 이 말은 사실이 아니었다. 하지만 간병인이 줄리아에게 확인하려 하자 이렇게 쏘아붙였다. "뭐야, 내가 늙어서 못 믿는 거야? 날 못 믿는 사람은 상대하고 싶지 않아." 젊고 미숙했던 간병인은 갈피를 잡을 수 없었다. 그리고 할머니는 쐐기를 박는 말이 무엇인지 알고 있었다. "집에 어린애가 둘이나 있으면서 왜 나하고 주말을 보내고 싶어하는 거야?"

“전부 지긋지긋해요.” 줄리아가 털어놓았다.

“그럴 수밖에요. 그토록 오랫동안 조종당하는 건 쉬운 일이 아니에요.” 내가 말했다.

줄리아가 깜짝 놀라 물었다. “할머니는 알츠하이머병인데 어떻게 사람을 조종할 수 있어요? 그게 말이나 돼요?”

내가 말했다. “그렇게 간단한 문제가 아니에요. 할머님이 알츠하이머병이라고 해서 수작을 부리지 못하리란 법은 없어요.” 줄리아는 믿기지 않는다는 표정이었다.

많은 간병인이 같은 표정을 지어 보였다. 대부분의 사람들은 알츠하이머병이 인지와 실행 기능을 저해하기 때문에 이성을 손상시킨다고 생각한다. 물론 그렇지만, 그렇다고 해서 피해자가 무력해지는 것은 아니다. 그들은 여전히 자신의 뜻을 관철할 수 있고 우리로 하여금 자신을 믿도록 할 수 있고 우리를 언쟁에 끌어들일 수 있다. 그럼에도 우리는 이성이라 하면 떠오르는 것에 현혹되어 환자를 과소평가한다.

다마지오는 엘리엇을 처음 검사했을 때 그의 문제를 대번에 파악하지 못했다. 스스로 인정하다시피, 그는 모든 사람과 마찬가지로 이성을 우리의 흐늘거리고 뻗대는 감정과 별개인 무언가로 보려는 경향이 있었다.[3] 물론 이것은 플라톤 시대부터 21세기까지 이어지는 통념이었다.[4] 우리는 감정이 삶에 색채를 더하고 심지어 삶을 살 만하게 만들지는 모르지만 의사결정에 결부되면 방해가 된다고 믿는다. 엘리엇의 의사들이 그를 진단하지 못한 것은 이 때문이다. 그토록 차분하고 인지 능력이 온전한 사람이 어떻게 그토록 비합리적으로 행동할 수 있단 말인가? 상식에 어긋나는 일이었다.

수십 년간의 연구로 뒷받침되는 다마지오의 통찰은 '순수한' 이성 따위는 없음을 입증한다.[5] 이성과 감정은 별개이기는커녕 실제로 겹친다. 하지만 오랫동안 과학자들은 '고등한' 절차(의지력, 섬세한 사고, 고차원적 의사결정)를 다루는 신피질과 '하등한' 절차(생물학적 조절과 감정)를 다루는 피질하 조직이 따로 작동한다고 생각했다. 또한 당연하게도, 큰 문제를 맞닥뜨리면 신피질이 힘든 일을 도맡는 반면에 기본적 본성의 요소들은 뒷자리에 앉아서 구경한다고 간주했다. 다마지오의 말처럼 우리는 뇌에 대해 "위층/아래층" 서사를 가진 듯하다. 하지만 사실 이 이야기는 신경의 실재에 부합하지 않는다. 합리적 의사결정을 내리기 위해서는 '하등한' 또는 '아래층' 방들이 신피질 못지않게 필수적이다.[6]

오늘날 우리는 몸과 마음이 생리적으로 불가분하다는 걸 안다. 그 실체가 무엇이든 마음은 뇌, 몸, 그리고 이 모두가 공존하는 환경의 혼합물이다. 다마지오의 말마따나 "느낌이 의존하는 결정적 연결고리는, 전통적으로 알려진 대뇌변연계 뇌구조물의 복합체뿐만 아니라 뇌의 전전두엽피질, 그리고 가장 중요하게는 신체에서 오는 신호를 짜맞추고 통합하는 뇌 부위를 포함하는 것이다".[7]

경험에 대한 몸의 생리적 반응을 이루는 이 신호들은 대상이 좋은지 나쁜지, 안전한지 위험한지에 대한 정보를 알려준다. 다마지오는 이런 반응—이를테면 불안을 느낄 때 심박수가 빨라지는 것—을 '신체 표지somatic markers'라고 부르며 의사결정에 필수적이라고 주장한다.[8] 실제로 우리가 뇌에 대해 알아갈수록 감정이 생각에 필연적으로 작용한다는 사실이 점점 분명해진다. 선호와 감정이 없다면 우리 마음은 어느 것 하나 더 나을 것 없어 보이는 수많은 선택지를 놓고 갈팡질팡할 것이다.[9]

엘리엇의 경우에는 어떤 까닭에서인지 인지와 감정의 신경 연결이 끊겼다. 추론은 할 수 있었지만 그의 판단은 현실적 쓰임새가 전혀 없었다. 푸네스가 완벽한 기억력 때문에 경험으로부터 의미를 깎아낼 수 없었던 것과 마찬가지로 엘리엇은 경험에 정서적으로 반응할 수 없었기에 경험에 가치를 부여할 수 없었다. 무엇 하나 끝내거나 전념할 수 없었다. 과제든 사람이든 더 중요하고 덜 중요한 게 없었기 때문이다.

민은 엘리엇이 무사통과한 인지 검사를 통과하지 못했을 테지만 삶에서는 더 나은 성적을 거둘 때가 많았는데, 이것은 엘리엇과 달리 상황을 헤쳐나가는 법을 느낄 수 있었기 때문이다. 길잡이로 삼을 신체 표지가 있었기에 어수룩하게 당하는 법이 없었다. 어느 쪽이냐 하면 민은 속이는 사람이었다. 그녀는 과거에 효과가 있던 정서 전략에 의존했다.

민은 감정이 지나쳐서 사람들을 의심한 반면 엘리엇은 감정이 없어서 자신을 예사로 배신할 사람을 신뢰했다. 하지만 어느 경우든 각각의 비합리적 행동 양식은 신경학적 문제로 치부되었다. 엘리엇은 지적이고 '알 만큼 아는 사람'처럼 보였기에 그의 행동을 보고서 사람들은 그가 무관심하고 게으르고 고집불통이라고 생각했다. 이에 반해 민은 옹졸하고 사납고 성마르다는 평가를 받았다. 그녀의 결단력과 투지는 점점 느려지는 마음에서 나오는 것이라고 보이지 않았기 때문이다.

할머니가 수작을 부려 간병인을 내보내고 줄리아가 허겁지겁 집에 찾아왔을 때 둘은 다퉜다. 할머니는 자신이 줄리아의 시간과 에너지를 뺏고 있다는 걸 알았을까? 도우미를 구하는 게 얼마나 힘든지 줄리아가 번번이 말하지 않았던가? 줄리아가 나가서 자신만의 시간을 보낸 게 얼마나 오래전인지 몰랐을까? 할머니는 귀를 막았다. 자신이야말로 부당한 취급을 당했다고 생각했다. 자신과 하루를 보내는 것조차 아까워할 만큼 이기적이고 배은망덕한 손녀에게 버림받았다고 생각했다.

그때 줄리아가 할머니를 내버려두고 방에서 나갔다.

줄리아는 이 말을 하면서 회한에 찬 표정이었다. 감정을 터뜨리고 화를 낸 것을 후회했다. 잠시나마 할머니를 버린 것을 뉘우쳤다. 자신이 해야 하는 일은 감정을 잘 내보내는 법을 배우는 것이라고 간절히 말했다.

줄리아는 감정이 판단을 흐린다고 생각했지만 내가 보기에 그날의 분노는 줄리아가 밧줄의 끝에 다다랐다는 적응적 경고였다. 그것은 할머니에게 통제받는다고 느낀 사건들, 자신이 침묵한 사건들로 이루어진 인생의 정점이었다. 줄리아가 할머니를 두고 나간 것은 할머니의 욕구보다 자신의 행복을 선택한 것이었다. 분노는 이성을 방해하기는커녕 마침내 경계선을 긋는 데 한몫했다. 분노는 당신을 못된 사람으로 만들지 않는다고 나는 줄리아에게 힘주어 말했다. 불건전한 상황에 대한 건전한 반응이라고 말했다.

할머니는 신체 표지가 고스란히 남아 있었기에 옳고 그름에 대한 감각도 여전했다. 억눌리거나 홀대받거나 멸시당한다고 느낄 때 정서 더듬이를 흔들거리며 우악스럽고도 미묘하게 반응했다. 이 정서 인식은 알츠하이머병 때문에 강화되었으며 이런 까닭에 줄리아는 할머니를 병 때문에 인지 손상을 입은 사람으로 보지 못했다. 둘이 다투었을 때는 줄리아 자신의 신체 표지도 작동했다. 그래서 줄리아는 자신의 앞에 있는 존재가 여전히 자신이 만족시켜야 하고 허투루 대해선 안 되는 사람이라고 생각했다. 자신이 신뢰와 사랑을 받을 자격이 있는 사람임을 상대방에게 입증해야 한다고 생각했다.

정신 건강 전문가들은 가끔 우스갯소리로 알츠하이머 환자와의 언쟁에서 한 번도 이긴 적이 없다고 말한다. 물론 이 말의 의미는 환자가 논리를 따라올 수 없으므로 이런 언쟁이 헛수고라는 것이다. 하지만 사람들이 종종 깜박하는 것이 있는데, 그것은 언쟁이 필수적이기도 하다는 것이다. 우리가 환자와 언쟁하는 것은 그들의 한계를 받아들이지 못해서가 아니라 그들의 힘이 우리를 도발하고 부추겨서다. 환자는 자신을 방어하는 데 매우 민첩할 수 있다. 언쟁의 줄기를 놓치더라도 반박에 반박을 줄줄이 내놓을 수 있다. 감정이 그들을 이끌기 때문이다.

편향과 의사결정을 연구하는 폴 슬로빅은 누구나 결정을 내릴 때 정서적 지름길을 택하고 싶어한다고 설명한다. '내가 무슨 생각을 하고 있지?'라는 물음은 우리 마음속에서 암묵적으로 '내가 어떻게 느끼고 있지?'라는 물음으로 대체된다. 이것을 **감정 휴리스틱**affect heuristic이라고 부른다.[10] 슬로빅은 다마지오의 의견에 동의하면서 우리의 정서적 평가와 신체적 상태가 서로 얽혀 있으며 둘 다 의사결정의 핵심 지표라고 주장한다. 누구나 감정을 앞세우는 경향이 있으므로 우리는 치매 환자의 감정적 행동을 정상으로 여기기 쉽다. 언쟁할 때는 더더욱 그렇다. 그들도 우리처럼 감정을 앞세우기 때문이다. 이 휴리스틱은 치매가 발현해도 사라지지 않기 때문에(오히려 더 요긴해진다) 언쟁의 감정적 가닥이 반드시 달라지는 것은 아니다.

사실 알츠하이머병은 환자를 더욱 허투루 볼 수 없게 만들기도 한다. 민은 맥락과 논리에 구애받지 않았으며 남들이 부러워할 만한 것을 가지고 있었다. 그것은 확신이었다. 이 확신의 느낌은 성격 특질이자 알츠하이머병의 결과이기도 하며 언쟁에서 민에게 추진력을 공급했다. 민은 불편한 사실을 금세 잊거나 처리하지 못하거나 둘 중 하나였다. 그러므로 그녀의 비합리적 요구는 뇌질환 피해자에게서 나온다기보다는 강인하고 어쩌면 고집불통인 여성에게서 나오는 것처럼 보였다.

그러니 순수한 이성이 존재하지 않고 감정이 추론의 필수 요소라면 건강한 뇌의 잘못된 추론과 손상된 뇌의 부실한 추론을 어떻게 구별할 수 있을까? 줄리아가 이따금 할머니가 정말로 알츠하이머병에 걸린 게 맞느냐고 농반진반으로 의문을 제기한 것은 놀랄 일이 아니다.

줄리아는 절박했다. 할머니가 전화할 때마다 응하고 싶지 않았지만 할머니의 분노와 함께 살고 싶지도 않았다. 찾아주지 않거나 곁에 있어주지 않는다는 비난을 들을 때마다 할머니를 실망시키면 어떡하나 하는 평생에 걸친 두려움이 어김없이 불거졌기 때문이다. 그러면 줄리아는 항변해야 할 것 같아서 자신이 뻔질나게 찾아왔다고 대꾸했다. 하지만 할머니는 이 항변을 언쟁으로 받아들였으며 언쟁은 줄리아가 반항하고 배신한다는 또하나의 증거일 뿐이었다.

어떻게 해야 할까? 나는 다른 보호자들에게 으레 건네는 말을 줄리아에게도 건넸다. 그것은 소소한 거짓말로 적잖은 효과를 거둘 수 있다는 것이었다. 찾아오겠다고 약속하고 지키지 않으면 그만 아닌가. 하지만 줄리아는 거짓말이 잘못된 일이라고 느꼈으며 들통날 거라고 확신했다. 줄리아가 말했다. "할머니는 당신한테 중요한 건 기억하세요."

나는 할머니에게 무엇보다 중요한 것은 진실보다는 누군가 자신을 원한다는 느낌이라고 설명했다. 할머니가 역정을 그만 내게 하려면 역정에 깔린 감정에 대처하는 법을 배워야 했다. 말하자면 "알츠하이머 언어로 말하기"를 배워야 했다.[11] 임상적으로 말하자면 사실보다는 환자의 감정에 초점을 맞춘다는 뜻이다. 환자에게 사실이란 시시각각 달라지는 것이기 때문이다.

줄리아는 내 말을 알아듣긴 했지만 선뜻 받아들이진 못했다. 사랑하는 사람을 대하면서 진실을 저버리는 것은 쉽게 할 수 있는 일이 아니다. 나는 막막했다. 줄리아가 할머니 말을 모조리 믿는 상황에서 어떻게 해야 그녀가 무능감과 죄책감을 털어버리게 할 수 있을까?

내가 여전히 이 문제로 고민하고 있을 때 줄리아가 설날에 함께 할머니를 보러 가자고 초대했다. 나는 기꺼이 초대를 받아들였다. 할머니의 확신이 기분만큼 변덕스럽다는 걸 입증할 기회가 될 것 같았다.

약속한 날 빨간색(중국에서는 행운의 색이다)으로 차려입고 큼지막한 커피케이크, 오렌지, 그리고 역시나 행운을 가져다준다는 만두를 가져갔다. 민이 나를 어떻게 맞이할지 몰라 초조한 마음으로 퀸스행 지하철을 탔다. 어쩌면 나를 또다른 침입자로 여길지도 모른다. 그러면 줄리아 입장에서는 안 가느니만 못한 결과일 것이다. 다행히 민은 나를 꼭 끌어안더니 대뜸 음식 바구니에 손을 집어넣었다. "너무 많이 가져왔네." 기쁜 표정이 역력한 채 이렇게 말하고는 당장 커피케이크를 먹자고 졸랐다. 민은 차를 내온 뒤 돈이 든 작고 빨간 봉투를 내밀었다. 전통적인 설날 선물이었다. 내가 감사히 봉투를 받자 민은 뿌듯해 보였다.

민은 아담하고 연약했지만 여전히 날렸다. 다마지오가 엘리엇의 차분함에 넘어간 것처럼 나는 민의 적절한 정서적 반응에 홀렸다. 민은 내가 즐거워할 때 자신도 즐거워했으며 내가 호기심을 보일 때마다 설명 좀 해주라며 손녀를 닦달했다. 주인으로서 따스함을 발산했으며 의도를 품은 듯 눈을 반짝거렸다. 언어가 달라도 소통은 문제없었다. 심지어 줄리아가 통역을 잠깐 쉬는 동안에도 민과 나는 호들갑스러운 몸짓을 이어갔으며 서로를 이해한다고 느꼈다. 민은 여느 할머니처럼 손님을 대접하고 싶어했고 손녀를 자랑하고 싶어했다.

이렇게 떠들썩한 와중에도 줄리아는 미안하고 불편한 기색이 역력했다. 하지만 나는 아담하고 나이 먹은 이민자에게 시달리는 일에 익숙하다며 그녀를 안심시켰다. 내 경우는 러시아계 유대인이었다. 그즈음은 치매 환자를 적잖이 상대해봤기에 혼란과 상냥함을 왔다갔다하는 그들의 능력을 알아볼 수 있었다. 이런 능력 때문에 그들은 이따금 '알 만큼 아는 사람'처럼 보였다. 하지만 민이 이렇게 사랑스러울 줄은 몰랐다. 줄리아를 향한 분명한 애정으로 나를 이렇게 쉽게 사로잡을 줄은 몰랐다. 민은 손녀를 만지고 입맞추고 쓰다듬을 기회를 놓치는 법이 없었다. 한번은 둘이 팔짱을 끼고 서 있었는데, 한 몸처럼 보일 지경이었다.

나는 그들을 바라보면서 줄리아가 정말 행복해 보인다고 말했다. 줄리아가 밝은 표정으로 대답했다. "맞아요. 할머니는 저의 작은 만두예요. 저의 작은 마시멜로고요. 제게만 보여주는 미소도 있어요. '홈 스마일'이라고 해요."

저녁이 무르익으면서 나는 줄리아의 고충에 점점 공감했다. 건강하지 못한 것 못지않게 사랑스럽고 위안이 되는 관계로부터 어떻게 거리를 둘 수 있을까? 둘이 함께 있는 모습을 보면서 내가 이제 하려는 일에 죄책감을 느꼈다. 하지만 민에게 줄리아가 얼마나 자주 찾아와 자고 가느냐고 물었다. 줄리아는 긴장한 미소를 지었지만 내 질문을 성실히 통역했다.

민이 대답했다. "거의 매일 오지." 그러고는 줄리아의 손을 잡았다. 줄리아는 어안이 벙벙했다.

이번에는 도와주는 사람이 따로 있느냐고 물었다. 민이 줄리아를 쳐다보고는 대답했다. "우린 서로 도와줘."

"하지만 딴사람은 없나요?" 내가 물었다.

"없어." 민이 단호하게 답했다.

줄리아가 할머니를 떠보았다. "간병인 있잖아?"

민이 방금 기억난 듯 말했다. "아. 아주 친절한 사람들이지."

줄리아는 웃음을 터뜨리며 정말 그렇게 생각하느냐고 물었다. 민은 어깨를 으쓱하더니 자신에게 필요하진 않지만 예의 바르고 전문적인 사람이더라고 말했다. 이번에도 줄리아는 놀란 표정이었다. 할머니가 기분좋을 때의 전형적인 모습이라고 내게 설명했다. 물론 기분 나쁠 때는 모두가 당신을 적대시한다고 생각한다고 덧붙였다.

오늘의 사소한 입증이 얼마나 순조롭게 흘러가는지 곱씹고 있는데 줄리아가 민의 손을 잡았다. 둘은 몇 초간 나직이 이야기를 나눴다. 그러고는 줄리아가 눈물을 글썽이며 할머니의 말을 전해주었다. "내 다음 생에 널 찾으마. 언제나 널 찾을 거야. 우린 함께 있을 거란다."

줄리아는 자신이 유일한 한편임을 할머니가 이해한다고 믿었다. 표정에서 알 수 있었다. 함께 있는 모습을 보고 있자니 둘이 닮았다는 사실이 눈에 들어왔다. 외모는 닮지 않았지만 얼굴에 우수와 만족감이 둘 다 서려 있었다. 이 순간은 어느 때든 다시 나타날지 모르는 피해망상 환자 민이 아니라 지금의 이민에게만 믿음을 두어야 한다는 사실을 줄리아에게 상기시켰을까? 둘이 함께 있는 모습을 보니 줄리아가 할머니에게 자신이 얼마나 자주 찾아오는지 설득할 수 없는 것과 마찬가지로 나도 줄리아에게 할머니를 그만 믿으라고 설득할 수 없음을 깨달았다.

우리는 무엇을 믿을지 안 믿을지 따질 때 '건강한' 마음이 합리적일 거라고 기대한다. 하지만 믿음은 본질적으로 감정에 매여 있으며 우리의 감정은 다른 사람들이 느끼는 감정에 종종 좌우된다.[12] 할머니가 기분좋으면 줄리아도 기분이 좋았다. 할머니에게 다정한 말을 들으면 줄리아는 곧이곧대로 믿었다. 마찬가지로 할머니가 흥분하거나 피해망상을 느끼면 줄리아도 그랬다. 애석하게도 할머니가 모진 말로 줄리아를 탓할 때마다 줄리아는 자신이 할머니를 제대로 모시지 못한다는 확신이 점점 굳어졌다.

줄리아가 할머니의 말을 믿은 것은 마음이 믿도록 설계되었기 때문이다. 믿음은 사실 자동적이다.[13] 우리는 발언을 처리하고 이해할 때 우선 그것을 참으로 간주한다. 이렇게 하는 이유는 뇌의 입장에서는 발언에 의문을 제기하는 것보다 그냥 받아들이는 것이 더 수월하기 때문이다. 그래서 우리는 사람들이 하는 말을 선뜻 곧이곧대로 받아들인다.[14] 보호자는 사랑하는 사람에게 치매가 있다는 사실을 알 때조차, 배우자나 부모나 조부모가 하는 말에 속지 말아야 한다는 걸 알 때조차 그들을 믿지 않을 도리가 없다.

그런 어수룩함은 나도 잘 안다. 케슬러 씨와 보낸 그해에 나도 그의 말을, 뻔히 알면서도 믿었다. 스토브를 쓰지 않겠다거나 혼자서 집밖에 나가지 않겠다는 약속조차 곧이들었다. 줄리아를 만났을 즈음 내가 환자의 약속을 믿지 않게 된 것은 현명해져서가 아니었다. 그 특정한 환자와 가깝지 않기 때문이었다. 하지만 줄리아는 그런 사치를 누릴 수 없었다. 누구보다 할머니와 가까우니 말이다.

그날 밤 지하철을 타고 집으로 돌아오면서 나 또한 사실과 어긋나는 현실을 갈망한다는 사실을 깨달았다. 나는 줄리아가 할머니의 비난을 가슴에 받아들이지 않길 바랐다. 줄리아가 더는 슬픔을 겪지 않도록 상황을 논리적으로 바라보고 현실을 직시하길 바랐다.

하지만 그것은 주제넘은 바람이었다. 줄리아에게 애정과 다정함을 보여준 할머니는 줄리아를 윽박지르고 조롱한 할머니보다 결코 덜 현실적이지 않았다. 어떻게 줄리아에게 어느 할머니를 믿을지 선택하라고 할 수 있겠는가? 하나를 버리면 다른 하나도 버릴 수밖에 없는데 말이다. 줄리아에게 할머니는 여러 부분으로 이루어진, 어떤 것은 더 믿고 어떤 것은 덜 믿을 수 있는 그런 존재가 아니었다. 우리는 알고 사랑하는 사람과 교유할 때 조각나고 간헐적으로만 믿을 수 있는 뇌가 아니라 본질적 자아를 대한다고 느낀다.

줄리아가 죄책감과 고뇌를 겪으면서까지 할머니를 믿는 것은 판단 오류로 보일지 모르지만, 내가 오랜 기간에 걸쳐 깨달은바 외부인에게는 비합리적이고 자기파괴적으로 보이는 것이 보호자에게는 실제로 합리적 상충 관계일 수 있다. 줄리아가 할머니의 모진 말을 가슴에 받아들인 탓에 느끼는 고통은 입에서 나오는 말을 영영 일축해도 되는 그런 할머니를 바라보는 것보다는 여전히 덜 고통스러웠다. 할머니와 쌓아온 추억이 없는 내가 줄리아에게 무엇이 합리적이고 무엇이 그렇지 않은지 어떻게 판단할 수 있을까?

9장 아, 인류여

왜 우리는 환자의 행동에 의도가 있다고 생각할까

이따금 보호자들은 자신이 겪고 있는 일을 이해하고 싶은데 어떤 책을 읽으면 좋냐고 내게 묻는다. 그들이 기대하는 것은 대개 실용적 조언이 들어 있는 지침서다. 나는 그런 책을 추천할 때와 똑같이 기꺼운 심정으로 알츠하이머병을 비롯한 치매 장애를 특별히 다루는 몇몇 소설을 권한다. 하지만 내가 보기에 치매 장애를 다루는 실용서는 이 질병의 실존적 압박, 낯섦, 기묘하면서도 일상적인 세계를 포착하지 못하는 것 같다. 그보다는 현실을 살짝 과장하고 왜곡하여 실존 문제에 에둘러 접근하는 픽션이야말로 보호자의 경험에서 정수를 뽑아내어 보여준다.

허먼 멜빌의 『필경사 바틀비』는 어떻게 보면 보호자와 환자 사이에서 전개되는 서글프고 낯선 역학 관계에 대한 이야기다.[1] 1853년경 월스트리트의 나이든 한 변호사가 법률 문서를 필사할 필경사를 한 명 더 고용하기로 마음먹는다. 광고를 낸 뒤 어느 아침 사무소 문턱에 한 젊은이가 "미동도 없이 서 있었다…… 창백하리만치 말쑥하고, 가련하리만치 점잖고, 구제불능으로 쓸쓸한"[2] 모습으로.

처음에 바틀비는 넝쿨째 굴러들어온 호박이다. 조용하고 근면하고 꾸준하게 "낮에는 햇빛 아래, 밤에는 촛불을 밝히고…… 묵묵히, 창백하게, 기계적으로" 필사한다.[3] 하지만 그러던 어느 날 우리의 화자가 바틀비에게 짧은 문서를 검토해 달라고 하자 그는 이렇게 대답한다. "안 하는 편을 택하겠습니다." 화자는 귀를 의심한다. 다시 청하지만 같은 답이 돌아온다. 바틀비는 감정이나 무례한 티를 전혀 내비치지 않았기 때문에 고용주는 그의 불복종을 용서한다. 며칠 뒤 고용주가 다시 업무를 지시하는데, 이번에도 바틀비는 공손하게 거절한다. 온화하게 "안 하는 편을 택하겠습니다"라고 말한다.

화자는 딴사람이었다면 당장 해고했을 거라고 생각한다. "그러나 바틀비에게는 이상하게 나의 성질을 누그러뜨릴 뿐 아니라, 놀랄 만큼 나의 마음을 움직이고 당혹스럽게 하는 무언가가 있었다."[4]

고용주가 점점 당혹스러워하는 것을 보면서도 그의 합리적 요청을 거부하는 이 특이한 사람은 누구일까? 우리는 모른다. 화자는 집이 없다는 것 말고는 바틀비에 대해 아무것도 알지 못하기 때문이다. 바틀비는 일하기를 아예 그만뒀지만 여전히 제자리에서 창밖 벽돌벽을 물끄러미 바라본다. 화자는 어쩔 줄 모른다. 직원들의 원성이 커져가고 고객들이 의문을 표하기 시작한다. 하지만 애원해봐도 바틀비는 꿈쩍하지 않는다. 그래서 화자는 바틀비에게 엿새 안에 사무소에서 나가라고 통보한다. 하지만 엿새째가 되었는데도 바틀비는 제자리에 앉아 있다. 화자는 조급했다가 초조했다가 믿기지 않다가를 오락가락하다가 필사적 해법을 떠올린다. 바틀비를 사무소에서 억지로 내보내는 게 아니라 바틀비 문제를 뒤로하고 자신의 사무소를 다른 건물로 옮긴다는 것이다.

화자는 떠나고 바틀비는 남는다. 시간이 흐른 뒤 화자는 바틀비가 강제 퇴거를 당하고도 여전히 건물 주위를 어슬렁거린다는 것을 알게 된다. 화자는 황급히 옛 사무소로 찾아가 바틀비에게 떠나라고 간청한다. 심지어 집에 데려다주겠다고 제안하기까지 하지만 바틀비는 안 떠나는 편을 택한다. 화자는 어떻게 할까? 바틀비를 머릿속에서 지워버린다. 그는 스스로를 안 돌보는 편을 단호하게 택하는 사람을 도무지 이해하거나 상대할 수 없다.

화자는 바틀비를 어떻게 해야 할지 모르지만, 자신은 안다고 생각하는 비평가는 차고 넘쳤다.[5] 어떤 독자에게 바틀비는 자본주의에 희생당한 금욕주의자다. 어떤 독자에게는 부르주아 문화에 희생당한 반항적 예술가다. 또 어떤 독자에게는 세속적이고 물질주의적인 고용주를 구원하려고 보내진 그리스도 비슷한 인물이다. 어쩌면 그는 부조리하고 무의미한 우주에서의 고독을 상징하고 그의 존재는 미국 사회에서 나타나는 고립을 반영하는지도 모른다.

진단을 망설이지 않는 현대 문화에서 바틀비는 정신 질환이나 신경 질환 판정을 받을 것이다. 그런 무감하고 수동적이고 비소통적인 행동은 분열성 인격 장애의 신호이거나 자폐 스펙트럼 장애 어딘가에 해당한다. 하지만 이것은 우리에게 친숙한 용어를 써서 수수께끼를 그나마 삼키기 쉽게 만드는 방법이기도 한 것 아닐까?

많은 독자와 비평가들은 바틀비에게서 자신을 보고 싶어하지만 나는 불운한 화자에게서 자신을 본다. 핼쑥한 필경사를 도우려는 변호사의 필사적이고 헛된 노력만큼 절절하게 나의 돌봄 시절을 떠올리게 하는 것은 없다. 둘의 일방적 관계를 만들어내는 것은 오로지 화자의 절박함이다. 바틀비는 화자의 관심을 달가워하지도 요청하지도 않기 때문이다. 화자에게 지위와 돈이 있을지는 몰라도 주도권을 쥔 것으로 보이는 쪽은 바틀비다.

내가 보기에 이 역학 관계는 힘센 고용주와 취약한 직원의 관계가 아니라 선의의 '정상적'인 마음이 자신과 전혀 다른 마음을 이해하려고 하릴없이 안간힘을 쓰는 관계다. 화자는 바틀비의 행동을 이해하려는 마음이 너무도 절실하고 열성적이고 단호해서 자신의 행동이 헛수고임을 깨닫지 못한다. 자신의 질문이 "안 하는 편을 택하겠습니다"라는 바틀비의 철벽 같은 대답에 번번이 부딪힌다는 걸 알면서도 포기하지 못한다.

이것은 대다수 보호자의 행동과 조금도 다르지 않다. 우리는 정답이 없다는 걸 알면서도 환자에게 계속 묻는다. 왜 내 말을 안 듣는 거예요? 왜 화장지를 숨겨요? 왜 길거리에서 쓰레기를 주워요? 깨끗한 스웨터 꺼내놨는데 왜 더러운 스웨터를 계속 입고 있어요?

『필경사 바틀비』는 우스꽝스럽기도, 부조리하기도, 슬프기도 하기 때문에 보호자들에게는 심란할 만큼 친숙하게 느껴질 것이다. 보호자들은 사랑하는 사람이 우리가 화난 이유를 이미 잊어버렸거나 우리 말을 알아듣지 못한다는 걸 알면서도 분통을 터뜨리지 않던가? 그럼에도 멜빌의 화자와 마찬가지로 우리도 그만두지 못한다. 그렇다면 멜빌의 화자가―보호자와 다르지 않게―자신이 도우려는 사람보다 어떤 면에서 더 비참해 보인다는 사실은 얼마나 절묘한가. 심지어 화자가 선한 일을 하려고 애쓴다는 사실 자체가 그의 눈을 가려 그 일이 얼마나 헛된지 보지 못하게 한다. 화자가 바틀비를 따라다니는 것은 답을 찾기 위해서만이 아니라 승인, 연결, 궁극적으로는 용서를 얻기 위해서이기도 하다.

화자가 가련힌 바틀비에게 억압적 사회 규범을 강요한다고 믿는 비평가들로 말할 것 같으면, 아마 그들은 비슷한 상황에 한 번도 처해보지 않았을 것이다. 다른 사람들에게 자신의 현실을 부여하려고 애쓰지 않으면서 그들을 그들 자신으로부터 구원하기란 여간 힘든 일이 아니다. 일부 치매 환자와 마찬가지로 바틀비는 요구에 순응하지 않고 자기만의 세계로 점점 깊이 물러나며 고용주는 좌절과 동시에 연민에 빠진다. 고용주는 바틀비가 틀림없이 지독히 외로울 거라 생각한다. 그런 외로움의 깊이를 상상하면 "형제로서의 우수"[6]를 느끼지 않을 도리가 없다.

하지만 바틀비는 **정말로** 외로울까? 누가 알겠는가? 우리가 아는 것이라고는 화자의 추측이 필경사에 대해서보다는 그 자신에 대해 더 많은 것을 드러낸다는 사실뿐이다. 물론 대부분의 사람에게는 화자의 일부가 들어 있다. 우리의 마음도 그의 마음처럼 추론에 몰두하기 때문이다. 우리는 사람들의 행동을 이해하기 위해 언제나 이유, 동기, 믿음을 찾는다.[7]

이 추론 행위는 무척 중요하기에 발달의 매우 초기에 시작된다. 우리가 아기에게 혀를 내밀면 무슨 일이 일어날까? 아기도 대개 우리에게 혀를 내민다.[8] 아기가 이렇게 하는 이유는 '거울 뉴런'이 타인의 행동을 말 그대로 반사하기 때문이다.[9] 누군가 커피잔을 집어드는 모습을 보면 우리의 거울 뉴런은 이 동작을 마치 우리 자신이 커피잔을 집어드는 것처럼 자동적으로 우리 뇌에 표상한다. 모방 충동, 또는 '흉내 체계mimicry system'는 사실 우리 뇌가 다른 사람을 이해하는 첫 단계다.[10]

우리는 뇌와 몸으로 사람들을 모방한다. 누군가 충격을 경험하면 우리도 주먹을 꽉 쥐고 누군가 창피를 당하면 우리도 움츠린다. 다른 사람의 고통을 말 그대로 느낀다.[11] 우리의 자율신경계가 그들의 고통에 반응하기 때문이다. 우리가 알아차리지 못할지도 모르지만 우리의 얼굴은 타인의 반응을 복제하느라 분주하다.[12] (의미심장하게도 보톡스 주사를 맞은 사람들은 감정을 탐지하고 이해하는 일에 서툰데, 이것은 얼굴 근육으로 타인의 표정을 모방할 수 없기 때문이다.[13]) 또한 진통제를 투약하면—알다시피 진통제는 사회적 고통을 가라앉힌다—다른 사람들이 따돌림이나 불편함을 호소하는 장면을 보아도 감정이입을 덜 하게 된다.[14] 이 자동적 거울 반사는 감정이입을 가능하게 하지만 실제로는 많은 보호자에게 문젯거리가 될 수도 있다.

한 보호자—셸리라고 부르겠다—는 엄마가 책이나 잡지를 읽는 광경을 차마 못 보겠다고 말했다. 셸리의 어머니는 한때 총명한 교사이자 왕성한 독서가였으나 이제는 페이지를 넘길 때 멍하고 슬퍼 보인다. 셸리는 여러 차례 이렇게 말했다. "엄마가 무엇을 느끼고 있는지 상상이 안 돼요." 실제로 셸리는 **상상할 수 없다.** 그럼에도 셸리는 엄마가 겪고 있는 감정을 느끼려는 노력을 중단하지 못한다. 엄마의 슬픔을 인식하는 순간 셸리의 거울 뉴런은 그 슬픔을 모방할 뿐 아니라 셸리로 하여금 두 사람이 같은 슬픔을 공유한다고 추정하도록 한다.

심리학자들이 '감정 전염'[15]이라고 부르는 것을 셸리만 느끼는 것은 아니다. 감정 전염은 흉내 체계의 부산물이다.[16] 감정이입은 좋은 돌봄에 필수적인 것처럼 보이지만 심리학자 폴 블룸이 지적하듯 놀라운 결점이 있을 수도 있다.[17] 자기중심성은 '몸에 새겨져' 있기에 타인에 대한 이해는 우리 자신에게서 시작된다. 무언가를 타인의 고통으로 지각하며 그에 대해 자동적 반응으로 느끼는 고통은 우리를 속여 그 고통을 이해한다고 생각하게 만든다. 하지만 진실은 우리가 실제로 알지 못한다는 것이다. 셸리는 무엇을 느끼는지 이해한다고 믿었을지 모르지만 그녀의 생각이 옳았을까? 셸리의 어머니는 딸과 똑같은 방식으로 비통해하고 있었을까? 자신이 잃은 것을 인식하는 능력을 얼마큼 간직하고 있었을까? 딸이 여전히 슬픔에 빠져 있는데도 혼자서 다른 느낌으로 넘어가기까지는 얼마나 걸렸을까?

사람들에 대한 거울 반사는 뇌가 타인을 이해하려고 취하는 경로 중 하나에 불과하다. 좀더 정교한 또다른 경로는 사회적 추론을 동원하여 행동을 해석한다. 심리학자들은 이 방법을 '마음 읽기'라고 부른다.[18] 이것은 타인을 해독하면서 의도, 욕망, 믿음을 찾으려는 성향을 일컫는다. '마음 읽기'는 무척 자연스럽게 일어나기 때문에 우리는 마음 읽기가 언제 어떻게 촉발되는지에 대해 통제권이 없다시피 하다. 기발한 하이더-지멜 삼각형 실험에서 참가자들은 흰 화면에서 도형들이 무작위로 움직이는 광경을 바라보았다.[19] 그런데 알고 보니 참가자들은 수동적으로 관찰만 한 것이 아니었다. 얼마 뒤 드라마가 펼쳐지는 것을 보기 시작한 것이다. 무작위로 움직이는 도형들은 골목대장, 피해자, 영웅, 악당 같은 각각의 등장인물이 되었다. 도형마다 감정, 목표, 의도를 가지기 시작했다.

몇 해 뒤 뇌를 자기공명영상으로 촬영할 수 있게 되자 과학자들은 실험을 재현하면서 내측전전두피질, 배내측전전두피질, 측두두정엽접합부, 뒤띠 영역의 마음 읽기 부위 모두가 화면 위 도형에 의해 활성화되는 것을 관찰했다.[20]

우리는 왜 이토록 '의도에 환장'하고, 무작위로 움직이는 기하학적 도형에 목적을 부여하고 싶어할까? 답은 우리 뇌의 가장 위대한 진화적 염원인 예측에 있는 듯하다.[21] 뇌로 말할 것

같으면 타인의 마음이 무엇에 꽂혀 있고 왜 꽂혀 있는지 예측하는 것보다 생존에 더 중요한 것은 없다. 예측을 하는 유일한 방법은 타인을 마음 없는 존재가 아니라 의지를 지닌 존재로 여기는 것이므로 우리는 직관적으로 타인에게 목적을 부여한다.[22] 철학자 대니얼 데닛이 보기에 이 '지향적 태도intentional stance'는 "어떤 이의 행동을 마치 선택, 숙고, 믿음, 무엇보다 목적의 산물에 따라 행동하는 합리적 행위자가 수행한 것처럼" 해석한다.[23]

이 직관이 어찌나 막강한지 우리는 전화기, 자동차, 컴퓨터에게 말을 하거나 더 빈번하게는 소리를 지른다. 우리가 추측하는 이유 때문은 아닐지도 모르지만 말이다. 물리적 대상이 예측 가능하게 작동하는 한 뇌는 그 대상을 무정물로 취급하지만, 예측이 어긋나면 뇌의 마음 읽기 부위가 촉발되어 사물이 선호와 의도를 표현한다고 느닷없이 믿게 된다.[24]

이 '마음 읽기' 성향 때문에 멜빌의 화자는 바틀비의 특이한 무감정에 복석을 부여하지 않기가 힘들다. 이야기가 전개되는 동안 추락하는 것은 바틀비만이 아니다. 화자도 추락한다. 여느 보호자와 마찬가지로 화자는 자신의 '환자'가 "선천적이고 치유할 수 없는 장애"[25]를 앓고 있다는 생각(그래서 특별 대우를 받아야 한다는 생각)과 그가 한낱 고집 세고 비뚤어진 작자라는 생각(그래서 혼쭐나야 한다는 생각)을 오락가락한다. 화자는 바틀비가 악의는 전혀 없다고 느끼면서도 그에게 "이상하게도 해코지당하는 기분"이 든다. 바틀비가 스스로의 행동을 인식하고 있는 게 틀림없다고, 그의 인상적인 수동성조차

도 고의적이라고 생각한다.

이 느낌은 많은 보호자도 공유하는 것이다. 그들은 환자가 목적을 가지고 행동하는 게 아님을 '알지'도 모르지만 그럼에도 그렇다고 느낀다. 우리 인간이 기하학적 윤곽선에 동기를 부여하는 마당에 어떻게 보호자들이 이렇게 느끼지 **않을** 수 있겠는가? 물론 보호자는 퉁명스럽고 변덕스러운 환자에게서 의도를 본다. 손상된 뇌가 아니라 의도적이고 단호한 마음을 보도록 우리를 촉발하는 것은 실은 (분노와 평온, 명징과 혼란을 왔다갔다하는) 환자의 예측 불가능한 행동이다. 보호자가 의도를 보지 않게 되는 것은 환자가 일관되게 수동적이거나 고분고분해질 때뿐이며, 그러면 알츠하이머병을 받아들이기가 당연히 수월해진다.

근접성도 다른 마음을 지각하는 데 영향을 미친다. 영화광이라면 〈제3의 사나이〉의 이 장면을 기억할 것이다. 오슨 웰스가 오스트리아 빈의 대관람차 꼭대기 칸에 선 채 까마득한 아래에서 종종거리는 작은 형체의 무리(그는 '점'이라고 부른다)를 내려다보며 저것들은 무의미하다고(그러니 자신이 파는 페니실린이 가짜인들 무슨 상관이냐고) 열변을 토한다. 사실 타인으로부터 멀어질수록 우리 뇌가 '마음 읽기'를 동원할 가능성이 낮아진다.[26] 병사들이 멀리서 유도탄이나 드론으로 사람들을 죽일 때 훨씬 덜 괴로워하는 것은 이 때문이다. 그들에게는 마음이 보이지 않는다. 몸만 보인다.

물론 대부분의 보호자는 신체적으로나 심리적으로나 거리

의 사치를 누리지 못한다. 2장에서 만난 라라의 남편 미샤처럼 어느 정도 거리를 두는 보호자는 결국 환자를 덜 감정적으로 바라보게 된다. 미샤가 알츠하이머병을 더 쉽게 받아들인 것은 장모를 돌봐야 하거나 그녀의 강박에 시달리는 사람이 아니었기 때문이다. 미샤는 장모가 아프다는 것을 알게 되자 그녀의 과장된 행동이 아니라 질병을 보았다. 미샤는 아내를 옆에 두고서 내게 말했다. "생각해보면 슬픈 일입니다. 장모님을 남을 조종하는 사람으로 보지 않기 위해서는 '밀라'를 보는 것을 그만두고 아픈 뇌를 보아야 했습니다."

라라는 고개를 끄덕였지만 자신에게는 정반대라고 덧붙였다. 라라에게 힘들었던 것은 엄마를 자기 자신이 무슨 행동을 하는지 인식하는 사람으로 대하지 않는 것이었다. 라라의 말마따나, 그것은 엄마가 더는 '사람인 사람'이 아님을 인정하는 셈이었을 테니 말이다. 미샤와 라라는 치매 환자 돌봄의 윤리적 역설을 나름의 방식으로 요약했다. 그것은 치매 장애가 우리에게 강요하는 이분법, 즉 인간성 대 질병의 이분법이다.

둘 중 하나를 선택해야 한다는 게 잔인하게 느껴지지만, 이것은 우리의 생물학적 조건에 뿌리를 둔 선택이다. 별개의 무의식적 과정들이 우리로 하여금 물리적 세계를 정신적 세계와 다르게 보도록 한다.[27] 어쨌거나 우리는 이분법적 피조물이다.[28] 우리는 물리적 세계를 (기계적이든 생물학적이든) 미리 정해진 법칙을 따르는 것으로 지각하는 반면에 정신적 세계는 자유의지의 지배를 받는다고 여긴다.[29] 시계 같은 기계적 대상이 어떻게 행동할지 예측하고 싶으면 그 대상을 지배하는 법칙을 알기만 하면 된다. 하지만 다른 마음에 대해 예측할 때는 그들이 자유의지를 가졌고 의도에 따라 행동한다고 추정한다. 그렇다면 어떻게 보호자들이 이 막강한 사회적 본능을 억누를 거라 기대할 수 있겠는가?

그렇게만 된다면 그것은 축복처럼 보일지도 모르겠다. 의도를 보는 것을 중단한다면 우리는 환자에게 책임을 지우지 않을 것이며 싸움도 적어질 것이다. 하지만 다른 한편으로 훨씬 나쁜 결과를 맞게 될지도 모른다. 더는 의도를 지각하지 않으면 사회적 추론을 담당하는 뇌 부위가 꺼져 사람들을 마음을 가진 존재로 보지 않고 그들에게서 인간으로서의 가치를 박탈한다.[30] 이것은 '비인간화'의 신경학적 표현이며 놀랍지 않게도 참담한 결과를 낳는다.[31]

바틀비가 죽고 몇 달 뒤 화자는 바틀비가 사서死書 우편물계에 하급 직원으로 고용된 적이 있었다는 소문을 듣는다. 그곳은 수취인이 사망한 것으로 추정되어 배달되지 못한 우편물을 폐기하는 정부 기관이다. 그런 장소에서 일한 것이 바틀비에게 깊은 영향을 미쳤음이 틀림없다고 화자는 생각한다. 어쨌거나 갈 데 없는 저 많은 편지에 우울해지지 않을 사람이 어디 있겠는가? 달리 말하자면 화자는 여전히 바틀비의 괴상한 행동을 이해하려 애쓰고 있다. 이 모든 과정을 거쳐 나는 멜빌의 마지막 구절 "아, 바틀비여! 아, 인류여!"[32]를 다르게 이해하게 되었다. 이 구절은 통념처럼 가련한 필경사를 가리킬 뿐 아니라 나머지 우리, 이해할 수 없는 것을 이해하려고 안간힘을 쓰는 사람들도 가리킨다.

마음의 자기중심성을 감안하면 사람들이 타인보다 자신에게 '인간적' 성질을 더 많이 부여하는 것은 놀랄 일이 아니다.[33] 그러므로 우리는 자신이 낯설게 여기는 사람보다는 동일시하는 사람에게 더 공감한다.[34] 화자가 바틀비의 마음을 자신 마음과 진정 다른 것으로 받아들였다면 조바심과 분노를 가라앉힐 수 있었을지도 모르지만, 그랬다면 그의 공감도 감소했을 것이다. 우리의 화자를 닦아낸 것은 그로 하여금 도움을 베풀 수 있고 도울 수 있다고 느끼도록 강요한 것, 바로 자신과 바틀비가 본질적으로 같다는 믿음이었다.

보호자도 비슷한 상황에 직면한다. 그들은 환자를 자신과 사뭇 다른 존재로 바라보아야 한다. 그래야 없는 의도를 지각하지 않을 수 있다. 하지만 그와 동시에 사뭇 닮은 존재로 바라보아야 한다. 그래야 그들의 인간성을 간과하지 않을 수 있다. 이것은 가느다란, 불가능에 가까운 줄 위를 걷는 일이다.

10장 옳은 일이 옳지 않을 때

비판을 무시하기가 왜 그토록 힘들까

보호자 자조 모임을 운영한 지 10년이 지났지만 회원들이 마음을 활짝 열어 가장 절친한 친구에게도 털어놓지 않을 이야기를 들려줄 때면 여전히 고마움과 경외감이 밀려든다. 모임은 보호자들이 다른 곳에서는 찾을 수 없는 이해, 공감, 유머를 찾을 수 있는 곳이자 근심을 토로하고 심지어 무너지는 모습을 보일 수도 있는 곳이다. 이렇게 회원들이 신뢰를 주고받는 모습이 언제나 내게 애틋하게 느껴지는 것은 이 과정이 얼마나 섬세한 것인지, 안전의 감각이 얼마나 빨리 사라질 수 있는지 알기 때문이다.

그중에서도 장년 모임에 참석한 변덕스러운 서른다섯 살 남성—제임스 헨들리라고 부르겠다—이 생각난다.* 제임스가 나머지 사람들보다 젊어서 어울리지 못할까봐 우려스러웠지만 경험 많은 보호자들에게서 자신에게 절실히 필요한 지원을 얻을 수 있길 바랐다. 제임스가 쏟아내는 독설과 강렬한 감정을 계기로 다른 회원들도 스스로의 분노에 접근할 수 있기를 바랐다. 이번 모임은 분노 표출을 유난히 꺼렸기 때문이다.

제임스는 어머니를 모시면서 엄청난 비통함과 적개심을 느꼈고 이 감정을 기꺼이 공유했다. 하지만 제임스의 분노는 카타르시스를 선사하는 게 아니라 모임을 움츠러들게 할 뿐이었다. 제임스가 목소리를 높일 때마다 회원들은 긴장하고 좌불안석하고 딴 곳을 쳐다보았다. 제임스의 도를 넘은 울분과 쳇바퀴 돌듯 거듭되는 장광설에는 공감을 가로막는 무언가가 있었다.

첫 면담에서 모임원들은 제임스의 어머니가 심술궂고 옹졸하고 악의적이고 배은망덕하다는 것을 알게 되었다. 심리 조종을 즐긴다는 것도. 이 마지막 불만이 모임원들의 관심을 끌었다. 회원들은 더 듣고 싶어했다. 이에 제임스는 어머니의 부탁으로 특별 저녁 요리를 준비하던 때를 떠올렸다. 하지만 식사가 나오자 어머니는 음식을 업신여기듯 바라보며 말했다. "이게 뭐냐?" 제임스는 어머니에게 당신이 만들어달라고 한 음식이라고 말했지만 그녀는 그런 적 없다고 잡아뗐다. 제임

---

* 자조 모임에서는 비밀 유지가 무엇보다 중요하다. 사생활을 보장하여 흉금을 터놓게 하는 것이 모임의 목적이기 때문이다. 독자들에게 당부하건대 내가 회원들의 신원을 노출하지 않으려고 애쓴 것을 알아주길 바란다. 이렇게 사람들의 이름을 바꾸긴 했지만 집단 면담에서 불쑥불쑥 드러나는 감정과 역동은 고스란히 전달했다. —원주

스가 드시라고 강권하자 어머니는 접시를 식탁에서 밀쳐냈다.

"제가 어떤 일을 겪고 있는지 아시겠어요?" 제임스가 따져 물었다.

하지만 모임 사람들은 생각이 달랐다. 회원마다 돌아가며 (내가 늘 하지 말라고 했건만) 어머니가 음식 주문을 부정한 것은 심리 조종이 아니라 기억상실증 때문이라고 지적했다.

"어머니가 병에 걸린 건 알아요. 하지만 왜 그렇게 고약하게 굴어야 하느냐고요!" 제임스가 소리질렀다.

평상시라면 모임은 연극적 과장 밑에 깔린 슬픔에 주목했을 테지만, 제임스의 공격적 어조가 사람들을 자극했다. 회원들은 어머니의 심보가 고약한 게 아니라 기분이 오락가락하는 것이고 그건 어머니의 힘으로 어쩔 수 없는 것이라고 강변했다.

"어머니는 타고나길 감정 기복이 심한 사람이라고요!" 제임스가 받아쳤다.

이 시점에 내가 끼어들었다. 나는 모임이 제임스 어머니의 감정 상태보다는 이로 인해 제임스가 받는 영향에 주목하길 바랐다. 제임스는 만족감을 굳이 숨기지 않은 채 자신이 어머니의 만행에 호락호락 당하지 않았다고 말했다. 어머니가 "꿍꿍이셈을 꾸밀" 때마다 맞불을 놓았다. 심지어 아무도 어머니를 찾아오지 않는 것은 "심보 고약한 노파와 함께 있고 싶어 하는 사람은 아무도 없기 때문"이라고 말하기까지 했다.

제임스가 말을 마치자 최연장자 회원 톰이 입을 열었다. 그가 나직이 말했다. "알다시피 당신은 바라는 인정을 결코 얻지 못할 겁니다. 그건 받아들여야 하는 것일 뿐이에요."

제임스가 노려보았지만 톰은 말을 이었다. "어머님이 성질을 부리시는 게 당신 책임이 아니라는 걸 이해해야 해요. 어머님은 편찮으시고 당신은 그렇지 않으니 심리 조종을 그만둬야 하는 사람은 당신이라고요."

제임스는 침묵했지만, 격분한 모습으로 여전히 모두를 불편하게 했다. 톰의 고요한 권위와 모임 내에서의 연장자 위치가 나이 어린 제임스의 무언가를 자극한 듯했다. 평소에는 누군가가 불편하거나 억울해 보이면 나머지 사람들이 한발 물러서서 그가 마음을 추스를 수 있도록 해준다. 하지만 이번에는 그러지 않았다. 회원들은 톰의 관점을 옹호하며 한마디씩 얹었다.

모임의 태도는 이해할 만했지만 나는 벌어지는 상황이 달갑지 않았다. 회원들은 제임스의 격정에 물들어 그것으로 제임스를 공격하고 있었다. 내가 관심을 돌리려 해도 꿈쩍하지 않았다. 그들은 제임스에 꽂혔다. 한 회원은 제임스에게 치매 장애 교육 영상을 보라고 권하기까지 했다.

내가 말했다. "좋아요. 이만하면 됐어요. 그렇게 충고해봐야 도움이 안 돼요. 우리는 충고하려고 여기 모인 게 아니에요. 알츠하이머병 강연은 제임스가 바로 지금 우리에게서 필요로 하는 게 아니라고요."

회원들은 당황하여 입을 열지 못했다. 나는 전에는 한 번도 이런 어조로 말한 적이 없었다. 회원들의 제안을 일축한 적도 없었다.

나중에 집으로 돌아가면서 스스로를 책망했다. 평소라면 무슨 일이 일어났는지 회원들 스스로 탐구하도록 했을 것이다. 제임스에게 모두가 당신과 대립했을 때 기분이 어땠느냐고 묻고, 모임원들의 말이 얼마나 속상하고 쌀쌀맞게 느껴졌는지 떠올려보도록 했을 것이다. 회원들에게는 제임스에게 귀를 기울이는 것을 넘어서서 굳이 그를 '바로잡아야' 했는지 생각해보라고 촉구했을 것이다. 나는 어머니를 향한 제임스의 분노가 다른 사람들에게서 어떤 감정을 끌어냈는지 탐구할 기회를 놓쳤다.

40분쯤 지나 아파트에 도착했을 즈음 내가 정말로 화가 나 있다는 걸, 모임에 대해, 그리고 나 자신에 대해 화가 나 있다는 걸 깨달았다. 그들이 제임스에게 한 일을 내가 그들에게 했다. 그들을 입다물게 만든 것이다. 모임에 대해 애정 이외의 감정을 느낀 적은 그때가 처음이었다.

모임원들이 제임스에게 어머니의 행동을 두고 비난하지 말라고 한 것은 합리적으로 보일지 모르지만, 나는 그런 태도가 인상적으로 해로울 뿐 아니라, 즉 남을 재단하는 것일 뿐 아니라 지나친 요구라고도 믿는다. 모임은 제임스를 꾸짖음으로써 제임스가 어머니를 비난한 것에 그토록 커다란 역할을 한 '건강한' 뇌의 매우 실질적인 취약성을 (부지불식간에) 무시했다.

이것이 우리 뇌의 도덕 추론에 어떤 영향을 미치는지 이해하기 위해 고전적 사고실험을 생각해보자.[1]

브레이크가 고장난 전차가 다섯 명을 향해 질주한다. 전차를 멈추거나 다른 선로로 옮기지 않으면 모두 죽을 것이다. 하지만 당신에게는 그들을 구할 기회가 있다. 스위치를 누르면 전차의 선로를 변경할 수 있다. 그러면 한 명만 죽게 된다.

어떻게 하겠는가? 대부분의 사람들은 주저 없이 스위치를 누르겠다고 말한다.

이제 또다른 상황을 생각해보자. 똑같이 브레이크가 고장난 전차가 다섯 명을 향해 돌진한다. 그들을 구하는 유일한 해결책은 육교 위에 서 있는 여섯번째 사람을 아래로 밀어뜨려 그의 몸뚱이로 전차를 멈추는 것이다. 그렇게 하겠는가? 여전히 다섯 목숨을 구하기 위해 한 목숨을 희생시키겠는가?

스위치 누르기 시나리오에서는 여러 명을 위해 한 명을 희생시키는 것이 분명히 옳은 일처럼 보이지만 육교 시나리오에서는 똑같은 결정이 도덕적으로 잘못된 일처럼 느껴진다. 최종 결과가 같은데 왜 이런 차이가 날까? 어쩌면 두 반응의 신경적 상관관계에서 실마리를 찾을 수 있을지도 모른다.

2001년에 철학자이자 신경과학자 조슈아 D. 그린과 동료들은 사람들이 도덕적 딜레마를 고민할 때 어떤 일이 일어나는지 기능적 자기공명영상으로 관찰했다. 그랬더니 스위치를 누를 때는 (작업기억과 배외측, 전전두엽, 두정 부위를 비롯한) 인지 체계가 활성화된 반면, 육교 시나리오에서는 **사회적·정서적 뇌 부위**(내측전두이랑, 뒤쪽띠이랑, 양쪽상측두고랑)가 활성화되었다.[2] 칸트는 감정이 도덕 추론과 별개라고 믿었으므로 감정이 도덕적 판단에 큰 영향을 미친다는 사실을 달가워하지 않았을 것이다.[3]

그럼에도 인간은 이 점에서 칸트주의적이다. 오랜 사회적·

법적 체제에서 알 수 있듯이, 우리의 직관은 도덕적 판단이 객관적이고 '고등한' 추론에서 도출된다는 믿음이 구체화된 것이다. 우리 모임은 이 믿음을 길잡이 삼아 제임스가 이성을 사용하여 도덕적으로 옳은 일을 해야 하는데 감정 때문에 그러지 못했다고 판단했다. 감정을 제쳐둘 수만 있다면 '못된 행동'이 어머니의 신경 결손 탓임을 이해할 수 있다는 것이다. 하지만 이런 태도는 근본적인 것을 간과하고 있다. 정서신경과학의 최근 연구에서 밝혀낸 바에 따르면 감정은 자동적 결정의 길잡이에 머물지 않는다. 도덕적 의사결정에서도 필수적이다.[4]

사실 이 결정들은 생각만큼 '특별'하거나 '진화'한 게 아니다. 사회심리학자 조너선 하이트는 다마지오의 신체 표지 이론을 바탕으로 '사회적 직관주의자' 모형을 제시한다.[5] 이에 따르면 감정과 그 '자동성', 즉 빠르고 직관적이고 무의식적인 결정을 할 때 감정의 역할은, 훨씬 느리고 신중한 인지에 비해 도덕적 의사결정에 실제로 더 필수적이다. 이 견해는 도덕을 의식적이고 정교한 추론의 산물―종종 인류의 발달에서 가장 발전한 단계로 간주되는 능력[6]―로 보는 전통적인 합리주의적 견해를 과감하게 반박한다. 사회적 직관주의자 모형에서는 도덕적 사고가 감정과 본능의 영향을 받으며, 그런 뒤에야 우리가 감정에 이끌려 내린 결정을 이성이 합리화한다고 가정한다. 하이트는 이 가정을 유려하게 표현했다. "실은 감정이 도덕성의 사원을 다스리고 있다…… 도덕 추론은 실제로는 고위 사제 시늉을 하는 종에 불과하다."[7]

우리의 윤리적·도덕적 입장이 감정으로 설명된다는 주장은 받아들이기 힘들다. 하지만 영장류학자 프란스 드 발의 말을 들으면 이해가 쉬워질지도 모르겠다. 드 발은 이 주제에 '상향식'으로 접근해, 인간 도덕성이 모든 영장류와 포유류가 공통적으로 지닌 애착 체계로부터 진화했다고 주장한다.[8] 이것은 놀랄 일이 아니다. 생물학의 원리는 자연에서 본질적으로 경제적이기에, 우리의 도덕 감각 또한 여느 복잡한 과정들과 마찬가지로 포유류가 가진 기존 반응을 활용하기 때문이다. 그러므로 옳고 그름의 느낌은 포유류에서도 볼 수 있는 선천적이고 자동적인 본능에서 비롯한다. 포유류도 협력을 선호한다. 공정성을 추구하고 동료의 사회적 일탈을 못마땅해한다.[9]

심지어 많은 포유류는 '고등한 추리' 없이도 복잡한 상호작용을 벌이며 분노, 감사, 혐오, 질투, 기쁨, 공포를 아우르는 암묵적 사회적 계약을 따른다.[10] 실제로 불공정이나 비협조 같은 사회적 규범 위반을 바로잡는 방법을 찾아내기도 한다.

그렇다고 해서 감정이 이런 결정을 언제나 좌우한다는 뜻은 아니다. 조슈아 D. 그린을 비롯한 사람들은 도덕성의 '이중과정' 이론을 주창했는데, 이에 따르면 시나리오에 따라 감정이나 인지가 작용하는 정도가 달라진다고 한다.[11] 누군가를 직접 밀쳐 죽게 만드는 것과 같이 '개인적'으로 느껴지는 상황에서는 뇌의 **사회적·정서적** 처리 부위가 활성화되어, 설령 공익을 위해서라도 살인은 잘못이라고 느끼게 한다. 다른 한편으로 그저 레버를 당겨 공익을 위해 누군가를 죽이는 것과 같이 개인적으로 느껴지지 않는 도덕적 딜레마에서는 뇌의 **인지적**

처리 부위가 활성화되어, 살인이 계산 문제로 바뀌고 따라서
정당화하기 쉬워진다.

당신은 우악스럽거나 악독하게 행동하는 배우자나 부모를
돌보는 보호자에게 이 연구가 무슨 상관이 있는지 궁금할 것
이다. 제임스 같은 보호자들은 가족 구성원의 일탈이 매우 개
인적으로 느껴진다고 말할 텐데, 앞에서 보았듯 우리가 사람
들에게 가까워질수록 사회적 추론이 '켜져' 못된 행동을 도덕
위반으로 보기 쉬워진다. 그렇다면 사랑하는 사람의 도덕적
일탈을 개인적으로 느끼지 않으려면 어떻게 해야 할까?

보호자 딜레마를 온전히 이해하려면 우선 환자의 뇌에서 무
슨 일이 일어나는지 알아야 한다. 치매 환자는 여전히 일부 도
덕 추론을 실행할 수 있으며 자신이 어떻게 대접받아야 하는지
에 매우 민감하다. 자신이 무시당하거나 배척당하거나 버림받
았다고 생각하면 부당한 일을 당했다고 느낀다. 이를테면 제임
스의 어머니가 아들의 행동을 잘못으로 재단하더라도 제임스
는─모임의 해석에 따르면─도덕적 판단을 유보해야 했다.

달리 표현하자면 제임스가 어머니의 규칙 위반 문제를 눈감
아주지 못한 것은 카너먼이 제시한 빨리 생각하는 시스템 1의
'자동성' 때문이다. 제임스가 어머니가 아프다는 것을 이해할
지는 모르지만, 관념적 인식(시스템 2)이 분노나 재단(시스템
1)을 언제나 제지할 수 있는 것은 아니다. 그럼에도 실행 기능
이 손상되지 않은 제임스의 '건강한' 뇌가 비난을 억누르지 못
하는 것은 납득할 만하다. 그것은 불공정 같은 도덕 위반을 받
아들이려면 자제력이 많이 필요한데, 자제력은 앞에서 보았듯

한정된 자원이기 때문이다.[12] 치매 장애가 부당한 일을 일으키고 또 일으킴에 따라 보호자가 짊어지는 인지적 부담이 점점 커진다. 사실상 제임스의 자제력도 손상된 셈이다.

우리는 자신이 어떤 사람의 행동을 판단할 때 마음 상태를 근거로 삼는다고 생각하고 싶어한다. 우연한 사고에서 비롯한 행동이나 개인이 어쩔 수 없는 상황을 판단 이전에 고려해야 한다는 것은 분명하다. 하지만 인간이 그렇게 공평무사하지 않다는 것도 분명하다. 우리는 어떤 사람의 행동이 도를 넘었다고 느끼면 판단부터 하려 든다. 즉, 도덕적으로 문제가 있는 행동을 보게 되면 그 원인이 무엇이든 상관없이 저절로 의도를 유추하려는 경향이 있다.[13] 그러니 이 충동을 촉발하는 바로 그 행동에서 보호자가 의도를 보지 않기를 기대하는 것이 얼마나 부당하겠는가.

제임스의 경우에 대해 모임원들은 단순히 합리적이라고 간주되는 태도로 대응했다. 행동이 질병에 영향을 받은 것이라면 사람을 탓하지 말라는 것이다. 회원들은 결정론과 도덕적 책임에 대한 오랜 철학적 논쟁에서 자기도 모르게 한쪽 편을 든 셈이 되었다. 그들은 직관적으로 '양립 불가론'을 취했는데, 이것은 결정론적 세계에서 살아가는 사람들에게 행동의 도덕적 책임을 지울 수 없다는 주장이다.[14] 이에 대립하는 '양립 가능론'은 제임스가 무심결에 표방한 입장으로, 자유의지와 도덕적 책임이 별개이며 전자가 없다고 해서 후자가 면제되지는 않는다고 주장한다. 치매 장애는 반드시 환자에게 결정론적 세계를 만들어내는 것은 아니지만 환자의 행동에는 영향을 미칠 수 있다.[15] 양립 불가론이 더 타당해 보이는 것은 이 때문이다. 그럼에도 제임스 같은 많은 보호자는 환자가 어찌할 수 없는 행동에 대해 계속해서 환자를 비난한다.

철학자 숀 니컬스와 조슈아 노브의 실험은 모임원들과 제임스의 견해가 달랐던 이유를 이해하는 실마리를 던진다. 니컬스와 노브는 도덕적 책임에 대한 우리의 직관을 시험하는 두 가지 가설적 시나리오를 고안했다.[16] 첫번째 '추상적' 상황에서 참가자들은 사람들의 선택이 미리 정해진 세계에 대한 글을 읽도록 지시받았다. 그 세계의 주민들이 자신의 행동에 도덕적 책임을 져야 하느냐고 묻자 참가자들은 거의 한결같이 양립 불가론을 채택하여 '아니요'라고 답했다.

다음으로 '구체적' 시나리오를 제시했는데, 아까와 같이 미리 정해진 세계를 상상하도록 하되 이번에는 빌이라는 사람을 추가했다. 빌은 비서에게 반해 아내와 세 자녀를 행복의 걸림돌로 판단했다. 그래서 가족이 죽을 걸 알면서 집에 불을 질렀다. 그곳이 결정론적 세계이든 아니든 참가자들은 빌의 행동에 도덕적 책임을 물었으며 그를 비난했다.

첫번째 시나리오를 염두에 두면 제임스에 대한 모임원들의 반응을 쉽게 이해할 수 있다. 어쨌거나 제임스의 어머니는 추상적 존재였다. 즉, 알츠하이머병 때문에 선택의 제약을 받는 우주에서 살아가는 나이들고 연약한 여성이었다. 하지만 제임스에게 어머니는 누구 못지않게 '구체적'이었으므로 그는 자연스럽게 양립 가능론을 취하여 어머니에게 책임을 물었다.

니컬스와 노브의 두 시나리오에서 얻을 수 있는 교훈은 행동이 얼마나 미리 정해졌느냐보다는 우리가 그 행동에 대해 어떻게 느끼느냐가 도덕적 책임을 정의한다는 것이다. 감정은 의도적이지 않을지언정 도덕적 판단에서 필수적인 역할을 하기 때문에, 우리는 사람들에게 감정적으로 자극받았을 때 비난하고 처벌할 가능성이 훨씬 커진다. 그런데 감정을 자극하는 일을 가족보다 잘하는 사람이 어디 있겠는가?

이 연구와 유사한 연구들을 곱씹다보니 제임스의 뇌가 직면한 문제를 모임원들이 더 잘 이해했더라면 하는 생각이 들었다. 하지만 그랬다 해서 그들이 반드시 생각을 바꿨을까? 철학자 어디나 로스키스에 따르면 신경과학이 발전하고 뇌를 바라보는 관점이 점차 기계적으로 바뀌더라도 우리의 도덕적 견해는 영향을 받지 않을 가능성이 크다고 한다.[17] 뇌의 작동에 대한 명시적 지식은 직관의 상대가 되지 못하는데, 우리의 가장 강력한 직관 중에는 자유의지와 도덕적 책임에 대한 믿음이 있다. 언뜻 보기에는 실망스러운 일 같다. 사람들, 특히 우리와 가까운 사람들이 어떤 이유로 행동했든 그들을 비난하는 것이 우리의 영원한 숙명이란 말인가?

마이클 가자니가는 『뇌는 윤리적인가』에서 타인에게 책임을 물으려는 본능을 새로운 각도에서 바라본다. 가자니가의 주장에 따르면 도덕적 석명 능력*은 자유의지와 달리 뇌 안에

---

* 이 책에서는 행동이나 선택의 대가를 치르는 책임(responsibility)과 행동이나 선택을 해명할 수 있는 석명 능력(accountability)을 구분한다.

존재하지 않는다. 사람들 사이에, 마음들 사이에 존재한다.[18] 사회에 아로새겨진 공통의 특질인 것이다. 그렇다면 도덕적 석명 능력은 단지 탓하기 위해 존재하는 것이 아니다. 석명 능력은 우리가 타인에게 품는 기대다. 그들에게 가치를 부여하고 호혜성을 증진한다. 5장에서 보았듯 우리는 사람들의 '진짜' 본성을 도덕적 근간과 연관짓는다. 그러므로 우리는 누군가를 더는 도덕적 책임을 지지 않는 존재로 받아들이면 그에게서 인간으로서의 가치를 박탈하는 경향이 있다.

물론 이 비인간화는 선전의 주목표 중 하나이기도 하다. 폴 블룸이 주장하듯 선전은 어떤 집단의 도덕적 가치를 무효화하여 그들을 더 쉽게 배척하고 처치할 수 있도록 만드는 데 쓰인다.[19] 역사적으로 인종주의와 반유대주의의 선전 수법은 잔혹하거나 짐승 같은 외모를 표현하려고 인간의 이목구비를 왜곡하며 그럼으로써 혐오감을 자아낸다.[20] 블룸의 말마따나 혐오는 증오보다 훨씬 전략적인 수단이다. 마음과 몸에 대한 직관에 작용하여 다른 인간을 마음을 지닌 사람이 아니라 사물로 보게 하기 때문이다. 선전은 다른 마음에 대해 도덕적 책임을 느끼게 하는 뇌의 사회적·정서적 부위를 사실상 건너뛴다. 이 부위에서 신경 활성화가 일어나지 않으면 인격 침해를 저지르면서도 정서적 고뇌를 전혀 느끼지 않는다.

다른 마음을 더이상 도덕적 책임을 가진 존재로 보지 않으면 그들을 비인간화할 우려가 있다. 우리 자조 모임이 놓치고, 나도 처음부터 놓친 것은 제임스가 어머니 탓을 중단하지 않으려 한 것이 어머니의 도덕적 지위를 재확인하는 방법이었다는 것이다.[21] 제임스는 어머니가 고약한 적수로 남길 바랐다. 자신이 무슨 일을 하는지 아는 여성이길 바랐다. 그보다 못한 것을 받아들이는 것, 어머니가 더는 도덕적 책임이 없음을 받아들이는 것은 어머니의 본질을 포기한다는 뜻이었다. 그래서 제임스는 어머니가 이런저런 잘못을 저지른다고 비난하는 동시에 간절히 어머니에게 매달리고 있었다.

하지만 누군가에게 매달린다고 해서 반드시 비난을 일삼아야 할까? 다시 말하지만 그 이유의 근거는 사람들에게 '선한' 깊숙한 자아가 있다는 직관인지도 모른다.[22] 이것은 우리가 유대감을 느끼는 사람들에게 국한되지 않는다. 사사건건 대립하는 사람들에게도 확장된다. 우리는 모두 자신의 가치를 토대로 '선함'을 정의하기 때문에 제임스는 어머니가 결국 자신의 가치를 알아보리라는 기대를 버리기 힘들었다. 어머니에게 자신의 관심을 인정해달라는 제임스의 성난 요구는 그의 취약함을 가리는 것만이 아니었다. 어느 날 '진짜' 어머니에게 가닿을지도 모른다는 일말의 희망도 담고 있었다. 울며 겨자 먹기식의 쓰라린 희망이었지만 그래도 희망이었다. 우리가 뭔데 제임스가 그런 희망을 언제 내려놓아야 하는지를 결정한단 말인가?

치매 장애의 억울한 점 중 하나는 보호자가 환자와 자신 사이에 존재하는 암묵적인 도덕적 계약을 파기해야 할 수도 있다는 것이다. 병의 진행이 어느 시점에 이르면 환자의 판단을 믿을 수 없게 된다. 그러면 보호자는 이러지도 저러지도 못하는 처지에 놓인다. 이젠 환자를 돌보려면 그들을 대신해 결정을 내려야 하고 한때 공유한 도덕적 맥락을 끊어야 하기 때문이다.

내가 라일라라고 부를 보호자는 이 윤리적 긴장을 잘 보여준다. 라일라는 절친한 친구 필립의 문제로 나를 보러 왔다. 둘은 심리치료사였으며 맨해튼 어퍼웨스트사이드에서 사무실을 함께 썼다. 필립은 라일라보다 열다섯 살 많았고 친구이자 멘토였다. 필립이 예순다섯 살에 접어들고 얼마 지나지 않아 라일라는 그에게서 초중기 알츠하이머병의 징후를 감지했다. 라일라가 슬쩍 우려를 전했지만 필립은 그녀의 말을 일축했으며 진료를 줄이지 않았다. 라일라는 걱정되면서도 실망스러웠다. 필립이 저런 상태에서 환자를 치료하는 것이 비윤리적이라고 생각했다. 물론 부정이 알츠하이머병의 흔한 일부임은 알았지만 그렇다 해서 필립의 결정을 받아들이기가 조금이라도 쉬워진 것은 아니었다.

필립이 인지 손상을 입은 것은 분명했지만 라일라는 알츠하이머병이 그의 도덕 규범에도 영향을 미쳤다는 사실을 납득할 수 없었다. 라일라는 내게 말했듯 "필립은 심리치료사의 정서적 문제가 환자의 안녕을 저해하는 때를 알아야 한다고 누구보다 앞장서서 말할 사람"이라고 확신했지만 이 문제에 끼어들 수 없었다. 필립과 환자들에게 윤리적 의무감을 느낀 것은 사실이지만 무엇 때문인지 망설여졌다. 무엇보다 필립의 임상적 판단 능력은 옳고 그름의 감각과 마찬가지로 고스란히 남아 있었다. 실제로 필립은 여전히 라일라의 환자에 대해서도 임상적으로 타당한 조언을 해줄 수 있었다.

나는 이 말을 듣고서 그런 전문성이 오랫동안 유지될 수도 있으며 놀랍도록 섬세하게 조율되기도 한다고 설명했다. 말하자면 친구의 임상 능력에 현혹되지 말라는 이야기였다. 하지만 어떻게 해야 필립을 그만두게 할 수 있을까? 라일라는 이것이 궁금했다. 우리는 선의의 거짓말을 퍼뜨리는 방안을 논의했다. 필립의 사무실에 훈증 소독을 해야 한다고 둘러대는 것이었다. 그러면 그가 한동안 환자를 보지 못하도록 할 수 있으며 그러다 진료에 흥미를 잃을지도 몰랐다. 하지만 라일라는 이것이 옳게 느껴지지 않았다. 필립이 환자들과의 관계를 아름답게 마무리할 기회를 빼앗는 것일 뿐 아니라 그에게 문제가 있다는 사실을 무시하는 처사이기 때문이었다.

라일라가 거북해하는 것이 내게도 느껴졌다. 필립은 여전히 라일라가 존경하는 심리치료사였다. 라일라가 거짓말을 하는 것은 필립이 자신의 경력에 대해 결정을 내릴 권리를 빼앗는 셈이었다. 이 권리를 빼앗는 것은 가자니가의 말을 빌리자면 "〔그의〕 도덕적 지위를 빼앗는"[23] 격이었다.

그렇다면 부모, 배우자, 친구가 더는 도덕적 책임을 질 수 없음을, 옳은 일을 선택하리라 신뢰할 수 있는 사람이 더는 아님을 받아들여야 할 때는 언제일까? 이것은 보호자들을 늘 따라다니는 윤리적 딜레마이며, 많은 경우 보호자들이 환자에게 운전을 금지하거나 위치추적기를 달거나 입주 간병인을 들이기까지 너무 오래 뜸들이는 이유를 설명해준다. 물론 안전은 중요하다. 하지만 사람의 고결함도 마찬가지로 중요하며 이는

자율성의 느낌과 결부된다. 그러나 알츠하이머병을 상대할 때
는 옳고 그름을 가르는 뚜렷한 선을 찾아보기 힘들다. 상충 관
계가 있을 뿐이다. 설령 자신의 결정이 최선이라는 것을 알더
라도, 본질적인 도덕적 자아가 계속해서 우리 눈에 보이는 한
누군가의 선택권을 부정하는 것은 여전히 도덕 위반처럼 느껴
진다.

라일라는 이 문제를 필립에게 처음 꺼내면서 당연히 그가
진료 규모를 축소하길 바랐다. 하지만 라일라의 선의는 커다
란 분란을 일으킬 뿐이었으며 이 일로 둘 다 마음이 상했다.
라일라는 난처한 입장에 처했다. 필립의 도덕적 추론이 멀쩡
하다면 그를 대신해 도덕적 결정을 내릴 어떤 권리가 라일라
자신에게 있단 말인가? 하지만 다른 한편으로 라일라는 필립
이 맡은 환자들의 안녕도 참작해야 했다. 보호자들이 이런 결
정을 쉽게 내리지 못하는 것은 부정이나 갈등이나 반감 때문
만이 아니다. 이런 망설임은 상대방의 도덕적 지위를 박탈하
는 것에 결부된 모호함의 일부다.

"필립은 진실을 들을 자격이 있어요." 라일라는 나와 두번
째 만났을 때 이렇게 말했다.

나는 고개를 끄덕였지만 이 특정한 상황에서 정말로 진실을
들어야 하는 사람이 누구인지 자문하지 않을 수 없었다.

라일라가 힘주어 덧붙였다. "제가 필립이라면 알고 싶을 것
같아요. 아무리 상처받을지언정 진실을 알아야 할 것 같아요."

나는 필립에게 인지 저하가 얼마나 심각한지 알려주는 것에
는 반대했지만, 라일라를 비난할 순 없었다. 알다시피 감정이

입은 종종 자신에게서 시작된다. 우리는 사람들을 우리가 대접받고 싶은 대로 대접한다. 필립에 대한 라일라의 감정은 자신의 현실 감각과 자연스럽게 연결되어 있었다. 라일라는 자신이 원할 거라고 믿는 것이 필립에게도 필요할 거라 가정했다.

결국 라일라는 필립을 자기 행위를 책임질 수 있는 도덕적 행위자로 여기는 것을 그만두겠지만, 스스로 그 판단에 도달해야 할 터였다. 내가 뭐라고 말해도 라일라의 마음을 움직일 수는 없다. 뭐하러 그래야 하나? 시간이 지나면 필립은 동료이기를 그만둘 것이고 마음이 허물어지는 사람이 될 것이다. 라일라는 둘의 관계를 재정의하고, 기대를 조정하고, 둘이 공유하던 세계와 대립되는 그의 세계에서 살아가는 법을 배울 것이다.

내가 이렇게 될 것임을 안 것은 모임에서 숱하게 보았기 때문이다. 모두가 그곳에 쉽게, 또는 빠르게, 또는 온전하게 도달하는 것은 아니다. 자조 모임이 유익한 것은 교육하기 때문이 아니라 분노든 두려움이든 슬픔이든 자신이 느끼는 것을 느낄 수 있게 해주기 때문이다. 회원들은 자신이 내려야 하는 불가능한 결정에 대해 증언하며 그런 결정을 내릴 정서적 지지와 허가를 서로에게 베푼다. 어떤 면에서 자조 모임은 보호자가 돌보는 사람이자 그와 동시에 천천히 잃어가는 사람을 대신하는 존재가 된다. 그렇게 회원들은 서로 남들을 위해서가 아니라 남들과 더불어 도덕적 결정을 내릴 수 있도록 한다.

11장 워드 걸

왜 우리는 고집을 부릴까

피터 하월의 일흔아홉 살 노모가 의사의 얼굴에 주먹질을 했을 때, 피터는 자신이 얻어맞은 듯한 심정이었다. 그가 깨달은 순간이었다. 어머니가 알츠하이머병에 걸렸다는 사실을 말이다. 피터는 첫 면담에서 이렇게 강조했다. "그냥 툭 건드린 게 아니라 힘을 제대로 실은 오른손 훅이었죠." 피터는 충격과 당혹감에 휩싸인 채 의사에게 사과하고 부랴부랴 진료실을 빠져나왔다.

그런데 어머니를 모시고 귀가하는 차에 오르자 세상이 다시 정상으로 바뀌기 시작했다. "그 작자 말투가 싫더라. 태도도 마음에 들지 않았고." 피터의 어머니가 이렇게 내뱉었다. 피터는 나름 요령껏 의사가 어머니에게 옷을 벗으라고 할 때 낌새가 이상하더라고 맞장구쳤다. "정말 그렇더라니까." 어머니가 대꾸했다. 그러더니 의료계에 대해 불만을 늘어놓기 시작했다. 피터는 한마디 한마디 들을 때마다 깨달음의 순간으로부터 점점 멀어지는 느낌이 들었다. 이렇게 날카로운 지적을 하는 분이 어떻게 알츠하이머병일 수 있담?

피터와 어머니는 언어유희, 퍼즐, 기발한 표현, 농담 할 것 없이 말에 대한 열정을 공유했다. 피터는 어머니를 워드 걸*이라고 불렀다. 직업으로 봐도 영락없는 워드 걸이었다. 메리 하월은 존경받는 언론인이었고 나중에는 광고업계의 스타가 되었다. 두 직종이 남성 일색이던 시절의 일이었다. 하지만 메리는 주눅들지 않았다. 오히려 남성 동료들을 무색하게 하고 그들에게 깊은 인상을 남겼다. 그 이유는 피터가 흐뭇하게 설명했듯 "엄마는 언어의 총잡이"였기 때문이다. 메리는 뱃사람처럼 욕설했고, 멋진 농담을 좋아했고, 눈치가 빨라 독설도 잽싸게 받아쳤으며, 누구도 따라올 수 없는 직업 윤리의 소유자였다. 메리를 우습게 보는 자들은 큰코다쳤다. 메리는 선을 넘는 자들을 언어로 난도질하는 데 거리낌이 없었다.

메리를 아는 사람들은 진료실에서 일어난 일에 놀라지 않았다. 메리가 어릴 적 뉴저지에 살 때 그녀의 어머니는 딸을 쓸데없이 병원에 데리고 다녔다. 메리의 아버지는 아내가 일하는 걸 바라지 않았다. 할일이 없던 어머니는 실제 질병과 상상 속 질병에 집착하기 시작했다. 메리가 초경을 맞자마자 산부인과에 데려갔다. 예약하지 않고 불쑥 찾아간 터라 의사를 만날 수 없다는 말을 들었다. 하지만 어머니는 소란을 피우며 못

---

* 미국에서 방영한 동명의 애니메이션 주인공으로, 어휘력이 뛰어나다.

가겠다고 버텼다. 한참 뒤에 의사가 나타났다. 의사는 어머니에게 딸을 진찰하는 동안 밖에서 기다리라고 말했다. 그러고는 메리를 겁탈했다. 메리가 아프다고 비명을 지르자 의사는 너 때문에 시간을 낭비했다며 야단쳤다. 나중에야 안 사실이지만 의사는 이민자의 딸들을 성폭행하는 것으로 악명 높았다. 부모들이 고소하지 못하리라는 것을 알았기 때문이다.

20년 뒤 메리는 다시 강간당했다. 이번에는 자기 집에서, 남편이 없을 때였다. 경찰에 신고했지만 증거가 없으며 그만하길 다행이라는 얘기를 들었다. 두번째로 문전박대를 당하자 메리는 경찰을 신뢰하지 않게 되었다. 자신을 보호해준다는 사람은 누구도 믿지 않았다.

46년이 지나 메리가 의사의 턱에 오른손 훅을 날렸을 때, 피터에게 처음 떠오른 생각은 알츠하이머병이었다. 하지만 정말 그것이었을까? 피터도 아버지도 메리의 과거 내력이 기여 요인이었을 가능성을 배제할 수 없었다. 치매 장애와 기존 외상후스트레스장애의 차이는 비미힐 때가 많다. 둘 다 환자로 하여금 단서를 오독하여 위협적이지 않은 사건에 과민 반응하도록 한다. 실제로 많은 기존 장애가 치매 증상을 모방하거나 위장하거나 과장하여 새 질병의 발병을 알아차리기 힘들게 할 수 있다.

메리의 내력 때문에 피터와 아버지는 메리가 진단받은 뒤에도 어떻게 판단해야 할지 확신이 서지 않았다. 대체로 그들은 메리의 질병을 대수롭지 않게 치부했으며 피터가 가족의 '하루의 윤활'이라고 부른 것에 의지했다. 이것은 대화, 예절, 유머로 마찰을 줄이는 과정이다. 실제로 메리가 정서적으로 불안정해질 때마다 피터와 아버지는 그녀를 '켈트 폭풍우'라고 놀려댔는데, 그러면 메리는 언제나 웃음을 터뜨렸다. 자신을 기꺼이 웃음거리로 삼는 것을 보고서 두 사람은 메리가 여전히 예전의 자아라고 생각했다. 피터는 가족의 재치와 임기응변이 뿌듯했지만 이것이 문제가 될 수 있다는 것도 알았다.

피터가 "그건 살아가기엔 좋은 방법이지만"이라고 말하고는 아쉬운 듯 덧붙였다. "치매를 알아보는 데는 별로 좋지 않더군요."

"어떤 면에서요?" 내가 물었다.

"아, 선생님도 아시겠지만요. 어머니가 자신이 노망나고 있다고 말하면 아버지와 저는 이렇게 맞장구쳤습니다. '누구나 그래. 모두가 내리막을 걷고 있어. 늘 까먹는다고.'"

피터가 소감을 밝혔다. "우스워요. 같은 말을 하고 또 하며 누군가를 계속 위로하다보면 그 말이 자신이 되어버리죠. 스스로도 믿게 되는 겁니다."

평온할 때의 피터는 근엄하고 잘생긴 얼굴이지만 자세히 뜯어보면 수십 년의 돌봄에 지친 모습이었다. 처음에는 아버지를 돌봤고 이제는 어머니를 돌보고 있었다. 피터는 이목구비가 뚜렷하고 뺨이 움푹하며, 머리카락은 은발이고 회색 눈은 진중해 보였다. 마음을 잡아끄는 근사한 얼굴이었다. 그래서 피터가 돌봄을 시작하기 전에 오프브로드웨이에서 연기를 하고 광고 모델과 성우로 활동했다는 얘기를 들어도 놀랍지 않았다. 목소리는 깊고 표현력이 풍부했다. 일단 말을 시작하면 얼굴이 부드러워졌는데, 마음이 한 주제에서 다음 주제로 휙 지나갈 때마다 표정이 시시각각 바뀌었다. 연극 애호가이자 왕성한 독서가이자 영화광인 피터는 영화나 책의 사례를 드는 버릇이 있었으며 인용을 늘어놓다 사과할 때가 많았다. 하지만 나는 피터의 말을 듣는 것이 좋았다. 그는 내가 아는 누구보다 말하기를 좋아하는 사람이었기 때문이다.

"제 유전자가 그렇게 생겨먹은걸요." 피터가 반농담조로 말했다.

메리는 말과 친했기에 자연스레 다채로운 직업을 섭렵했다. 광고업계에서 여성 선구자로 대접받았으나 칭찬이 달갑지 않았다. 메리는 자신이 스파이 소설을 탐독하고 수다쟁이이고 아이디어를 툭툭 던지는 여자일 뿐이라고 말하길 좋아했다. 피터에 따르면 그 성격은 치매가 찾아온 뒤에도 별로 달라지지 않았다. 메리는 여전히 말로 좌중을 휘어잡을 수 있었다. 그렇기에 그녀의 결함, 기행, 건망증에도 불구하고 때때로 피터는 어머니가 정말로 아프나는 걸 받아들이기 힘들었다.

피터의 아버지가 세상을 떠난 뒤 어머니의 상태가 악화했다. 치매가 심해지면서 자신의 능력이나 독립성이 의심받는 낌새만 있어도 예민하게 반응했다. 도움이 필요할수록 더 완강히 거부했다. 어머니를 안전하게 보살피면서도 당신이 주도권을 쥐고 있다고 느끼게 하는 일은 피터에게 고난도의 외줄타기 같았다. 가장 힘든 것은 목욕 시간이었다. 메리는 점점 샤워에 흥미를 잃었는데, 이 때문에 가슴 아랫부분과 요로가 감염되어 정신 이상 증세로 여러 번 병원에 가야 했다. 설령 샤워를 하더라도 비누 쓰는 것을 깜박했다. 이쯤 되자 피터가 도와줘야 했다.

"무례를 범할 생각은 없지만, 어머니를 씻길 때 제대로 하려면 어머니의 거기를, 그러니까 친밀한 사람끼리 만지는 부위를 만져야 합니다." 피터가 거북한 듯 말했다.

"얼마나 힘들었을지 상상도 못하겠어요." 내가 말했다.

"우리 둘 다에게 끔찍했죠. 하지만 저는 객관적으로 바라보려고 노력했습니다. 이렇게 주문을 웁니다. '저건 물질에 지나지 않아. 우리는 모두 물질이야. 나는 일을 하고 있을 뿐이야.'"

주문은 어머니가 이렇게 발악할 때 효과가 있었다. "놔, 이 개새끼야! 무슨 짓 하는 거야? 안 놔주면 경찰 부를 거야."

피터는 강인하고 총명하고 자립적인 여성이던 어머니가 무력한 상태에 놓인 모습을 보는 게 괴로웠다. 어머니가 당신 몸에 대해 결정할 권리를 자신이 부정한다는 느낌이 들었다. 어머니가 발악할 때면 목소리에서 분노뿐 아니라, 믿었던 누군가에게 공격당해 생긴, 해소되지 못한 상흔도 감지됐다. 이제 자신이 그 누군가라는 사실이 끔찍할 따름이었다.

"전문 도우미를 채용하려고 생각해본 적 있어요? 여성 간병인 어때요?" 내가 물었다.

나의 질문에 피터의 얼굴이 하얘졌다. "시도해봤는데, 참사였습니다. 어머니께서 견디질 못하시더군요."

실은 그 낯선 사람이 어머니의 옷을 한번 벗겨주려 했을 때 어머니가 어찌나 노발대발하던지, 피터는 간병인의 안위가 걱정될 지경이었다. 자칫 몸을 잘못 놀리면 진료실 사태가 재연될 터였다.

"다시 시도해볼 수도 있을 것 같지만 저는 도저히 못하겠습니다. 어머니께서 화를 내시면 감당이 안 되거든요." 피터가 회의적으로 말했다.

나는 고개를 끄덕였다. 많은 보호자가 이런저런 이유로 전문 도우미를 꺼린다. 하지만 피터의 경우 그가 포기한 이유는 메리의 분노가 아니라 그녀의 상흔을 다시 헤집을 수도 있다는 그 자신의 두려움이었다는 의심이 든다. 피터는 어머니가 당한 두 번의 성폭행을 분명히 내면화했으며 다시는 어머니가 예측 불가능한 상황에 처하는 것을 감당할 수 없었다.

안타깝게도 알츠하이머 같은 질병에서는 보호자가 무엇을 선택하든 배신처럼 느껴질 우려가 있다. 간병인을 들여 어머니에게 더 큰 고통을 가하고 싶지 않았던 피터는 어머니의 샤워를 돕는 기나긴 시간을 헤쳐나가는 법을 배웠다. 제임스 본드 영화의 우스운 대사를 읊거나 어머니가 좋아하는 존 포드 서부 영화를 보러 가겠다고 약속해서 어머니가 정신을 딴 데 팔게 했다. 일이 순조롭게 풀리는 날에는 후딱 끝낼 수 있었는데, 어머니가 알아차리기도 전에 가슴을 추어올리고 연고를 발랐다. 또 어떤 날에는 어머니가 자신을 걷어차려다, 당신이 실은 돌봄받고 있다는 것을 본능적인 동물적 감각으로 알아차렸음을 알 수 있었다(연고가 살갗에 닿는 느낌이 좋아서였는지도 모르겠다). 어느 경우든 어머니는 기분이 누그러져 이렇게 말했다. "내게 잘해주는구나, 피터. 넌 나한테 잘해줘."

나는 피터에게 지독히 난감한 과제를 훌륭히 처리했다고 칭찬했지만 피터는 손사래를 쳤다. "아시다시피 오랫동안, 실은 수십 년간 술을 퍼마셨습니다. 실수도 저질렀죠. 하지만 제가 어머니 곁에 있는 것은 고민하고 말고 할 문제도 아닙니다. 마땅히 곁에 있어드려야지요. 저는 부모님 속을 지지리도 썩였습니다. 소소하게나마 빚을 갚을 수 있어서 기쁩니다. 빚을 갚으려고 이러는 건 아니지만, 그럴 기회가 있어서 얼마나 감사한지 모르겠습니다."

내가 감동한 것을 알고서 그는 본능적으로 내 존경의 화살을 피하려 들었다. 자신이 언제나 끈기 있는 것은 아니라고 털어놓았다. 그것은 어느 메리를 상대하느냐에 달렸다고 했다. 어떤 날의 어머니는 '악의 화신'이었다. 피터는 어머니가 가운을 벗지 않고 특유의 조롱을 내뱉으면 그날은 궂은 하루가 될 것임을 잘 알 수 있었다. "뭐니? 이상하게. 엄마 알몸 보고 싶어?" 이 장면은 백 번도 넘게 펼쳐졌지만 달라지는 것은 전혀 없었다. 피터의 어머니는 하나도 기억하지 못했기 때문이다.

피터는 어머니에게 이렇게 쏘아붙였다. "제가 엄마 알몸을 보고 싶어할 거라 생각하세요? 아시다시피 엄마가 우르줄라 안드레스*는 아니잖아요."

"나 방금 샤워했다." 어머니가 항변했다.

"일주일 지났어요. 감염 걱정할 때가 됐다고요."

---

* 007 시리즈에 본드걸로 출연한 배우.

"아니야, 어제 샤워했어!"

"안 했어요. 엄만 이젠 기억 못하세요."

"누가 그래?"

"의사가요."

"그 개새끼한테 전화해야겠다."

"엄마, 병원 갔다가 어떻게 됐는지 기억 안 나요? 얼마나 지독했는지 기억 안 나냐고요."

피터의 어머니가 깔깔대며 말했다. "응, 기억하고말고. 넌 나를 그 똥통에 가두고는 내 돈을 독차지하고 싶어했지. 그런데 다들 네가 효잔 줄 알더라!"

"엄만 제게 기회를 주지 않았어요! 엄마는 아팠다고요."

어머니가 미심쩍은 눈으로 피터를 바라보았다. "난 너를 알아, 요 꼬마야. 남들은 속일 수 있을지 몰라도 난 못 속여. 넌 '집의 악마요, 도시의 성인'이지."

평소에는 어머니의 이 옛 아일랜드식 표현이 재미있었지만 지금은 아니었다. 피터는 비하당하는 것에 신물이 났으며 자신이 어머니의 돈을 탐한다는 비난에 울화통이 터졌다.

"똑똑히 들어요. 엄만 입 닥치는 게 좋을 거예요. 무슨 소릴 지껄이고 있는지 알지도 못하니까요. 제가 이러고 싶어서 이런다고 생각해요?"

"난 널 안다. 넌 실패작이야. 언제나 그랬어. 한 일이 아무것도 없잖아. 난…… 난 업적을 **이뤘다고**." 어머니가 대답했다.

피터는 내가 괴로워하는 것을 보고서 체념하는 듯한 미소를 지어 보였다. "아, 어머니는 상대방을 해치는 법을 아십니다.

솔직히 말씀드리겠습니다. 그 순간 어머니를 해치고 싶었습니다. 그러니까, 그때 바로 거기서 어머니 목을 졸라버리고 싶었다고요."

피터가 나를 곁눈질하며 자신의 고백에 내가 충격을 받았는지 가늠했다. 아마 스스로에게도 충격적이었기 때문일 것이다.

하지만 나는 그저 피터에게 진실을 말했다. "그 오랜 시간을 어머님과 단둘이 보냈고 당신을 도와주거나 쉬게 해줄 사람이 아무도 없는 상황에서 당신이 다르게 느낄 수 있었으리라고는 상상할 수 없어요. 그래서 어떻게 하셨어요?"

"어머니의 어깨를 붙잡았습니다. 하지만 거기서 멈췄습니다. 딴 방으로 갔습니다. 친구에게 문자를 보냈습니다. 그리고 심호흡을 했죠."

나는 안도의 한숨을 내쉬었다. 피터에게나 메리에게나 다행스러운 일이었다. 치매와 함께 사는 것이 힘들다는 건 누구나 알지만, 대부분의 사람들은 치매가 자신의 새롭고 달갑잖은 측면을 끄집어낸다는 걸 알지 못한다.

내가 소곤거렸다. "잘했어요, 피터. 물러나야 할 때 물러났잖아요."

메리와 피터는 처음으로 함께 스케이트를 타기 시작했을 때 무척 즐거웠다. 둘 다 서툴렀지만, 함께 할 수 있는 일이 생겨서 좋았다. 얼음판을 돌아다니면서 스케이트를 타는 다른 사람들을 관찰하고 귀기울이는 일도 재밌었다. 아무리 사소한 대화라도 아버지에게 들려주고 이러니저러니 늘어놓았다. 하지만 아버지가 암으로 투병하면서 둘은 스케이트를 그만뒀다. 물론 아버지는 스케이트장에 가라고 독촉했지만 어머니는 완강했다. 너무 충실하고 너무 고집스러웠다.

피터가 그토록 존경한 이 성격은 훗날 어머니가 알츠하이머병에 걸린 뒤 그의 인내심을 시험하게 된다. 어머니는 혼란과 불안이 커지면서 고집불통이 되었으며 이 때문에 어머니를 돌보기가 종종 불가능에 가까워졌다. 피터는 날마다 샤워에 대한 저항을 맞닥뜨렸다. 날마다 입씨름하고 으르고 얼러야 어머니의 마음을 돌릴 수 있었다. 그러다 한번은 어머니가 그를 놀라게 했다. 처음에는 고분고분 가운을 벗더니 시비 걸듯 알몸으로 서서 앙다문 잇새로 내뱉듯 선언했다. "너의 염병할 샤워는 받지 않겠어."

어머니가 벌거벗고 나약하면서도 조금도 움직이려 들지 않는 것을 보고서 피터는 견딜 수 없는 슬픔으로 가득찼다. 어머니가 고통받는 모습을 보는 것은 그가 감당할 수 있는 일이 아니었다. 어머니를 다시 병원에 데려가는 짓은 그가 감당할 수 있는 일이 아니었다. 엄마는 왜 저항하는 거지? 왜 매번 이 소동을 겪어야 하지? 피터는 애원했다. "절 위해서 샤워해줘요."

이 말은 어머니의 화를 돋울 뿐이었다. 어머니가 조롱조로 말했다. "뭐니? 이상하게. 엄마를 샤워시켜주려 하다니 수상한 아들이구나. 엄마 알몸을 보고 싶은 거니?"

피터는 맥이 풀려 무릎으로 주저앉은 채 고개를 세차게 흔들었다.

어머니는 아들이 네발로 엎드린 것을 보고 얼떨떨해졌다. 이렇게 말했다. "대체 뭘 하는 거야? 일어나! 일어나지 못해?"

하지만 피터는 자신의 고통 속에서 허우적거렸다. 그러다 불쑥 안경을 벗더니 움켜쥐어 으스러뜨렸다. 그러고서 자신도 놀랐다. 피터는 부러진 안경테를 피 흘리는 손바닥에 제물처럼 받쳐 들어올렸다. 왜 안경을 망가뜨렸는지 이해할 수 없었다. 어머니를 해칠 수 없으니 스스로를 해친 것일까. 그저 어머니에게 충격 요법을 쓰고 싶었는지도 모르겠다. 아니면 안경을 부숨으로써 자신을 가둔 쳇바퀴를 부수고 싶었는지도.

어머니는 연민과 조바심이 섞인 표정으로 피터를 쳐다보았다. "경찰 불러야 하니?"

피터는 나를 위해 이 사건을 떠올리다 웃음을 터뜨리기 시작했다. 다른 보호자에게서 들어본 적이 없는 반쯤 실성한 듯한 웃음소리였다. 피터는 자신이 얼마나 우스꽝스러워 보였을지 새삼 깨달았다. 어머니는 샤워 드라마의 현장에서 이미 자리를 떠났다. 자신이 벌거벗었다는 걸 잊은 듯했다. 그 순간 그녀가 아는 것은 아들이 별다른 이유 없이 손에서 피를 흘리며 땅바닥을 기어다니고 있다는 것뿐이었다.

어머니가 근엄하지만 쌀쌀맞지는 않게 말했다. "피터, 정신 나갔니?"

어쩌면 그럴지도 몰랐다. 반복, 불안, 늘 똑같은 터무니없는 비난이 도무지 견딜 수 없을 지경에 이르렀다. 그때 1, 2미터 앞에 널브러진 어머니의 가운이 피터의 눈에 들어왔다. 어머니가 늘 입던 표범 무늬 가운이었다. 그는 생각했다. 얼마나 더 러워졌을까. 피터는 매일같이 저 가운을 세탁기에 처넣고 싶었 지만 매일같이 결국 그러지 않았다. 어머니가 속상해할 것을 알았기 때문이다. 피터는 가운을 집어들어 어머니에게 입혔 다. 그리고는 피자를 시켜 먹으면서 영화를 보자고 했다. 어머 니의 표정이 금세 밝아졌다. 반시간 뒤 피자가 도착하자 메리 는 흡족한 얼굴로 제임스 본드 영화의 도입부 멜로디를 함께 흥얼거렸다. 하지만 어머니가 뻔한 줄거리에 속절없이 빠져드 는 동안 피터는 여전히 동요하고 있었다. 자신이 "아들로서나 인간으로서나" 실패했다는 생각을 떨칠 수 없었다.

내가 피터와의 만남을 늘 고대한 이유는 우리의 대화가 어 디로 흘러갈지 전혀 알 수 없었기 때문이다. 내가 알 수 있었 던 것은 그의 유머, 생동감 넘치는 독백, 느닷없이 샛길로 빠 졌다가 똑같이 느닷없이 본길로 돌아오는 엉뚱함이 그의 정신 적·신체적 고갈과 대조적이라는 사실이있다. 내기 느끼기에 다른 날보다 유난히 괴로운 날들이 있었다. 아버지라면 알츠 하이머병에 어떻게 대처했을까, 하고 피터가 생각한 날이었 다. 그의 머릿속에는 심상 하나가 머물러 있었다. 아버지가 부 엌 조리대 앞에 앉아 신문을 읽는 둥 마는 둥 하면서 피터가 어머니에게 뭔가 설득하려는 소리를 듣는 둥 마는 둥 하는 장 면이었다. 평소 아버지는 끼어드는 법이 없었지만, 어느 날 언 쟁이 크레셴도로 높아졌을 때 신문을 내려놓더니 부드럽지만 단호하게 말했다. "피터, 왜 사서 고생을 하니?"

피터는 대답할 말을 찾지 못한 채 아버지를 쳐다보았다.

아버지는 침착하게 뒤를 돌아보며 말했다. "너와 엄마가 줄곧 말다툼을 벌이고 있는 거 안다. 하지만 넌 스스로를 광기로 몰아가고 있어. 그건 네게 좋지 않단다, 아들아."

오랜 세월이 지난 뒤에도 피터는 여전히 자신이 아버지를 실망시키고 있다는 느낌이 들었다. 피터가 진행성 질병을 홀로 상대한 반면에 아버지는 아들에게 의지할 수 있었다고 내가 지적했지만 "왜 사서 고생을 하니?"라는 질문은 피터를 계속 괴롭혔다. 이제 피터는 그만두는 법을 배워야 했음을 깨달았다. 하지만 삶에서 참인 것은 치매에 대해서는 더욱 참이다. 우리는 아무 소득이 없다는 걸 알면서도 무의미한 언쟁에 끌려들어간다. 언쟁하고 싶어 근질거리게 만드는 것은 환자의 습관적 행동이나 우리 자신의 철학적 직관이나 좌뇌 통역사의 기능만이 아니다. 원인은 너무 간단해서 오히려 간과된 무언가다. 바로 대화 자체다.

인지심리학자 사이먼 개러드와 마틴 J. 피커링은 대화가 의외로 '쉽다'고 주장한다. 최근까지도 학계의 조류는 이와 정반대였다. 대부분의 인지과학자들은 듣기와 말하기가 비교적 단순한 활동인 반면에 대화는 복잡하다고 생각했다. 이는 대화가 비계획적이고 파편적이어서 듣기와 말하기를 왔다갔다해야 할 때가 많기 때문이었다.

하지만 개러드와 피커링은 다른 방향에서 접근한다. 대화가 어려운 경우는 듣는 사람과 말하는 사람이 독립된 개체이고 서로 다른 두 신경 과정을 구성한다고 가정할 때뿐이다. 물론 대화가 정확히 이렇게 지각되는 것은 말의 생성과 이해를 별개의 인지 사건—고립되어 실험실에서만 연구되는 사건—으로 간주할 때뿐이다.[1]

이 방면의 연구는 여전히 상대적으로 새롭지만 말하기와 듣기를 **공동** 활동으로 간주하는 대안 이론이 등장했다. 이 활동에서는 "양방향 배열"을 통해 두 사람 사이에 "지각·행동 고속도로"가 건설된다.[2] 우리의 운동 뉴런이 커피잔을 집는 사람의 동작을 마치 우리가 직접 집는 것처럼 반영하는 것과 마찬가지로 화자와 청자는 서로를 모방한다. 청자의 뇌는 화자가 말하는 것을 마치 청자 자신이 같은 말을 하는 것처럼 표상한다. 화자와 청자가 서로를 더 잘 이해할수록 그들의 뇌는 더 친밀하게 '신경 결합'을 이룬다. 뇌의 청각 영역에서와 운동 영역에서 같은 표상을 형성하는 것이다.[3] 게다가 믿음, 의도, 의미를 담당하는 인지 영역에서도 겹치는 것이 많다.

개러드와 피커링에 따르면 대화는 제휴 활동이자 합작 건설이다. 말하자면 서로가 상대방의 문법, 어휘, 어조를 흉내낸다. 시소를 탈 때처럼 서로가 만들어내는 운동량이 상대방에게 추진력을 더한다. 이것이 심리학자들이 말하는 '인지적 편안함'의 의미다. 대화가 편안한 이유는 일단 시작되면 저절로 이어지기 때문이다. 숙고도 의식적 통제도 필요하지 않다.[4] 앞에서 거듭거듭 보았듯 우리 뇌는 전략적으로 게을러서 에너지를 절약하고 싶어한다. 치매이든 아니든 대화에 참여하는 것은 거부하기 힘든 신경의 습관이다.

대화는 전개될수록 더 편해지는데, 이는 언어적 선택지가 점점 제한되기 때문이다. 대화 상대방에게서 저절로 '차용'하면 어휘 경로가 좁아진다. 어느 낱말을 쓸지, 어떤 문법 구조가 생각을 가장 훌륭히 짜맞출지를 놓고 수백 가지 선택지를 훑어야 하는 게 아니라 상대방의 말을 길잡이로 삼을 수 있다.[5] 그러면 이를테면 지시를 따를 때보다 인지적 에너지가 자연스럽게 덜 든다. 치매 환자가 우리의 부탁을 실행할 때보다 우리가 하는 말을 놓고 언쟁할 때 더 유능한 것은 이 때문이다.

대화는 정의상 사회적이기 때문에, 치매 환자는 나머지 능력이 퇴행하기 시작하고 오랜 시간이 지나도록 남들과 언어로 소통하는 능력을 간직한다. 실제로 메리가 워드 걸 배역을 그토록 자연스럽게 연기할 수 있었던 것은 대화가 인지적 상승작용을 일으켰기 때문이다. 하지만 시간이 지나면서 언어 능력이 질병 때문에 급격히 상실될 수 있으며 그러면 보호자는 자신과 '대화'하는 꼴이 되기 십상이다. 이것은 사랑하는 사람을 잃는 또다른, 심리적으로 고통스러운 방법일 뿐 아니라 인지적 에너지를 고갈시키기도 한다. 하지만 환자가 남들의 말을 활용하는 한 보호자는 부모나 배우자가 자신과 같은 인지적 차원에 있다고 계속 믿게 된다.

6장에서 보았듯 우리는 다른 이들의 마음이 세상을 우리처럼 보는 정도를 어김없이 과대평가하는데, 대화는 이 오해가 굳어지도록 쐐기를 박는다. 뇌의 진화와 연관된 것이 다 그렇듯 어떤 면에서는 예측으로 대화의 모든 것을 설명할 수 있다. 사실 우리 마음이 다른 마음을 모방하려고 애쓰는 것은 그래야 예측이 쉬워지기 때문이다.[6] 우리는 대화하는 상대방에 대해 합리적 추측을 하기 위해 그들의 뇌가 우리 뇌와 사뭇 비슷하다고 가정한다. 설령 상대방에게 인지 문제가 있더라도 여전히 우리 뇌와 거의 다르지 않다는 가정을 무의식적으로 예측의 근거로 삼는다.

보호자는 환자가 치매 장애를 앓는다는 것을 알지만, 친숙한 항변과 비난을 들으면 곧바로 그들의 뇌가 환자의 뇌와 자기도 모르게 섞이기 시작한다. 그런 다음 두 사람의 뇌는 저절로 서로를 모방하고 서로에게 미끼를 던지며, 참된 이해가 가능하다는 환상을 감질나게 만들어내기 시작한다.

설상가상으로 점점 나사가 풀리는 외중에도 환자의 말에는 여전히 공유된 역사가 배어 있다. 메리 하월은 아들이 돈을 노리고 자신을 요양원에 보내고 싶어한다고 느끼자 이렇게 되풀이하며 공세를 퍼부었다. "난 널 안다. 넌 아무것도 아니야. 아무것도 이루지 못했어. 난 업적을 이뤘다고." 어머니가 아프다는 걸 알았음에도 그녀의 말이 피터에게 상처가 된 것은 공통의 과거, 이제는 자신을 공격하는 무기로 쓰이는 과거를 소환했기 때문이다.

피터는 후반부 면담에서 이렇게 털어놓았다. "그게 상처가 된 것은 어머니의 말이 실은 틀리지 않았기 때문입니다. 어머니는 실제로 뭔가를 하셨어요. 남다른 인물이 되셨어요. 성공하셨다고요. 저는 버젓한 삶을 살고 있지 못합니다. 제 말은, 전에는 아버지를 돌봐야 했고 지금은 어머니를 돌봐야 한다는 뜻입니다. 물론 해야 한다면 또다시 할 겁니다. 하지만 제 삶에서 대단한 걸 이뤘다고 말할 순 없죠."

피터가 스스로에 대해 이런 식으로 말하는 것을 들으니 무척 속상했다. 그의 어머니는 어떻게 아들의 희생을 아들에 대한 공격 무기로 쓸 수 있었을까? 20년 넘도록 부모를 보살피느라 아들이 직업인으로서의 삶을 시작할 수 없었다는 걸 몰랐을까? 아들이 자신을 지켜주는 유일한 사람이고 자신의 삶을 더 낫게 해주려면 무엇이든 할 사람임을 이해하지 못했을까? 그때 문득 깨달았다. 피터의 어머니가 이해하지 못하는 게 당연하다는 것을. 알츠하이머병에 걸렸으니 말이다.

그럼에도 어머니와의 잦은 언쟁 중 하나에서 피터가 그랬던 것처럼 나도 그녀의 말 때문에 그녀에게 억하심정을 갖지 않을 수 없었다.

모든 보호자가 결국 알게 되듯 말은 무의미해진다. 그것은 금세 잊히기 때문이기도 하지만 말을 고정하고 틀 지우는 문법이 치매의 현실과 부합하지 않기 때문이기도 하다. 니체가 지적했듯 문법은 우리를 인도하는 동시에 제약한다. 니체는 우리가 "번개가 섬광을 일으킨다"라고 말할 때 마치 무언가가 하늘을 밝히는 것처럼 얘기한다며 주의를 당부했다.[7] 번개는 섬광을 일으킬 수 없다. 번개가 **바로** 섬광이다. 말과 문법이 작동하는 방식 때문에 우리는 늘 행위자, 즉 행동을 **선택하는** 누군가를 상정한다. 이 오류는 보호자에게 현실적 피해를 입힌다. 우리는 의도가 전혀 존재하지 않는 곳에서도 의도를 보는 경향이 있기 때문이다. 이 직관이 드러나는 방식은 언어 말고도 많다.

철학자 패트릭 해거드에 따르면, 언어가 몸과 마음에 대한 직관을 무심코 확증하는 이유는 "정신적 '나'가 뇌와 몸 둘 다와 별개라고 언제나 암시하기" 때문이다.[8] 우리는 이 '나'가 말이나 행동을 선택한다고 느낀다. 그러므로 누군가 '나'라고 말하면 우리 귀에는 대뜸 의도가 들린다. 환자가 "나는 이렇게 하지 않겠어"라거나 "나는 그걸 원하지 않아"라고 소리지르면 우리의 귀에는 마음, 즉 자신이 무엇을 원하는지 아는 의식의 존재가 들린다. 설사 환자가 자기 뇌가 '돌아가지 않는다'고 한탄하더라도 이것은 그들의 마음이 여전히 돌아간다는 인상을 더할 뿐이다.

사실상 우리는 말을 몸과 분리된 마음의 산물로 듣는 경향이 있다. 몸의 변덕과 약함에 종속되지 않는 현상으로 여기는 것이다. 말이 정교하게 전개되면 화자가 "아직도 거기 있다"라는 확신이 더욱 커진다. 그래서 메리가 "난 샤워할 필요 없다"라고 말했을 때 피터가 시각한 것은 의도뿐 아니리 통합된 자아이기도 했다. '나'라는 대명사를 들었을 때 피터의 귀에 들린 것은 신경 질환이 아니라 자신의 워드 걸이었다. 어머니의 말을 듣는 것만으로도 피터는 그녀가 10분 뒤 그 말을 기억하지 못하리라는 것을 잊었다.

환자의 말만 우리를 현혹하는 것이 아니다. 보호자가 가족을 '이기적이다' '고집 세다' '게으르다' '뻣뻣하다' '옹졸하다' 등으로 묘사하는 말을 들을 때 내게 떠오르는 생각은 그 보호자가 매정하거나 알츠하이머병에 무지하다는 게 아니다. 그보다는 환자의 행동을 일으키는 신경학적 근원을 표현할 말이 없어서라는 생각이 든다. 우리가 할 수 있는 것은 심리 묘사뿐이기 때문이다.

언어―그 논리와 구조―에 새겨진 직관은 우리로 하여금 화자의 기억이 멀쩡하다고 느끼게 한다. 이를테면 용언의 시제는 반드시 화자에게 시간 감각이 있음을 나타낸다. 환자가 "나중에 할게"라거나 "스토브 만지지 않는다고 약속하마"라고 말할 때 그들은 자신이 기억할 수 있다고 믿도록 자신과 타인을 둘 다 속인다. 약속하거나 위협하거나 다짐함으로써 배우자와 부모는 우리가 여전히 그들과 함께 시간 속을 이동하고 있다는 느낌을 받게 한다. "X이면 Y이다"의 논리는 그들이 가진 언어 레퍼토리의 일부로 남아 있기 때문에 우리는 그들이 우리 말을 알아들을 것이라고 실제로 기대한다.

어머니와 언쟁할 때마다 피터는 자신이 올바른 말을 찾기만 하면 어머니가 납득하고 모든 것이 해결될 수 있다고 마음 한 구석에서 믿었다. 자신이 부탁한 일을 하고 당신을 도와주지 않는다고 야단치지 않을 거라고 생각했다. 희망에 뒤따르는 실망은 어느덧 일상이 된다. 하지만 피터가 설명했듯 해답을 찾는 하루하루의 고역이 어찌나 깊이 새겨지던지 우리는 아무것도 달성되지 않는다는 사실을 깨닫지 못한다.

피터가 말했다. "그것을 알고 나면 이미 10년이 지난 뒤입니다. 그럼 이런 의문이 듭니다. '무슨 일이 일어난 거지? 그 시간은 어디로 갔지?'"

그 순간, 어느 서늘한 봄날 우리가 내 사무실에 앉아 있을 때, 피터가 자신의 시간 감각을 어머니에게 부여하려고 애쓰면서 실제로는 그녀의 무시간성을 물려받았다는 생각이 들었다. 메리에게는 시간이 실제로 존재하지 않았으며 그녀는 피터가 지금껏 보아온 사실상 유일한 사람이었으므로 시간은 그에게도 덜 실질적인 대상이 되었다. 어머니와 아들에게는 어떤 변화도 일어나지 않았으며 하루하루가 똑같았다. 매일 같은 일과가 반복되고 같은 언쟁이 벌어진다. 그들은 무시간성을 어떻게 메웠을까? 대화로 메웠다. 아무리 마구잡이이고 지리멸렬할지언정 피터에게 대화는 여전히 변화의 가능성을 품고 있었다.

피터는 잠시 뜸을 들이더니 내게 『고도를 기다리며』를 읽어보았느냐고 물었다. 나는 고개를 끄덕였다(너무 세게 끄덕였는지도 모르겠다). 브롱크스에 있던 시절 종종 곱씹은 희곡이었기 때문이다.

피터가 말했다. "생각해보세요. 그 희곡에서 벌어지는 일은 전부 대화입니다. 그게 등장인물들이 하는 일이죠. 그들은 대화합니다. 그들의 대화는 터무니없고 파편적이지만, 그 모든 것의 총체성을 고스란히 받아들이면 정상적으로 들리기 시작합니다."

나는 수긍하며 더 얘기해보라고 졸랐다.

피터가 변명조로 말했다. "아, 실은 패턴에 끼워맞춘 것에 불과합니다. 아시다시피 어머니는 제가 이런 식으로 말하는 걸 조롱하셨습니다. 제 이름을 부르며 제가 잘난 체한다고 말씀하셨죠. 어쩌면 저는 정말로……" 그는 말꼬리를 흐렸지만 다시 기운을 차렸다. "보세요. 대화는 허무해 보일지도 모르지만 효과가 있습니다. 말이 서로 먹고 먹히기 때문이죠. 어머니랑 저처럼 말입니다. 우리 사이에 벌어지는 일은 대부분 엉터리없지만, 그래도 의미가 있습니다. 적어도 우리가 **무언가를** 하고 있는 것처럼 느껴지니 말입니다. 영양소는 공급하지 않으면서 배만 채우는 공갈 칼로리에 불과한지도 모르지만, 공갈 칼로리도 우리가 계속 살아가기에 충분한 에너지를 공급하니까요. 이게 말이 되나요?"

말이 되다마다. 『고도를 기다리며』는 겉보기에는 두 명의 빈털터리 블라디미르와 에스트라공에 대한 희곡이다. 두 사람은 고도라는 이름의 누군가를 기다리고 있다. 희곡에는 터무니없는 오해, 무의미한 트집, 시답잖은 투덜거림, 비논리적 논증, 공허한 약속, 공갈이 난무한다. 이 모든 소동은 밤에 끝났다가 이튿날 아침에 다시 시작된다. 등장인물 둘 다 고도가 오면 그 즉시 모든 것이 달라질 거라 믿는다.

그들이 기다리는 동안 별다른 일은 하나도 일어나지 않는다. 관객은 두 괴짜가 일없이 서서 구두가 발에 맞는지, 나무의 위치가 맞는지, 당근의 어느 쪽이 더 맛있는지에 강박적으로 매달리는 광경을 지켜본다. 그리고 관객이 좀이 쑤실 거라 예상이라도 한 듯 블라디미르가 이렇게 꼬집는다. "이것참, 정말이지 점점 시답잖아지는군."[9] 하지만 그들은 이전과 마찬가지로 대화를 계속한다. 나는 이렇게 무의미하게 이어가는 것이야말로 피터가 말하려는 것 아니었을까 하는 생각이 들었다. 블라디미르와 에스트라공은 대화함으로써, 자기 존재의 무의미함을 특징짓는 동시에 퇴치하는 언어를 이용함으로써 스스로를 지탱한다. 그들을 버티게 한 것은 고도가 당도하리라는 희망이 아니라 언어의 짜임에 엮인 희망이었다.

니체는 이렇게 간파했다. "우리가 신에게서 벗어나지 못하는 것은 아직도 문법을 믿기 때문 아니겠는가."[10] 내가 생각하기에 그의 말뜻은 문법 자체가 행위자와 의미를 전제하므로 완고한 무신론자조차 더 큰 질서의 존재를 암묵적으로 믿는다는 것이었을 듯하다. 의사소통을 하면서 우리는 주변에 존재하는 혼돈, 예측 불가능성, 지리멸렬을 그것이 무엇이든 부분적으로나마 바로잡는다.[11]

모든 대화는 어떤 의미에서 희망적이다. 대화함으로써 우리는 낯섦과 헛됨만 있는 것처럼 보일 때조차 명료함, 의미, 연결이 존재할 가능성을 만들어내고 인정한다. 이것이 베케트가 이해한 바다. 언어는 부조리를 만들어내지만 우리를 부조리로부터 보호하기도 한다. 블라디미르와 에스트라공은 의사소통이 무의미하고 공허하다고 투덜거릴 때조차 여전히 의사소통하고 있다. 대화는 그들을 이끌어가고 그들에게 무언가 할일을 준다. 그들이 미처 알아차리기도 전에 어스름이 깔린다. 피터가 깨달았듯 대화는 윤활유 역할을 해서 어느 하루가 다음 날로 미끄러져 들어가게 해준다. 대단해 보이지는 않을지도 모르지만, 대화하는 한 우리는 희망을 품을 수 있다.[12] 체념한, 강박에 가까운 희망일지라도.

다음에 피터가 나를 찾아왔을 때 그는 『고도를 기다리며』가

머릿속에서 떠나지 않는다고 말했다. 이제 어머니가 자신을 어떻게 무의미한 대립으로 몰아넣었는지 이해한다고 생각했다. 피터의 어머니가 구사한 것은 관용구와 구절만이 아니었다. 말투도 어머니 같았다. 두서없는 중얼거림에조차 친숙한 음악적 성질이 담겨 있었다. 그렇기에 피터는 어머니에게 이야기할 때, 어떤 면에서 보자면 그가 그전에 무수히 흥얼거렸던 곡조를 뽑아내고 있는 셈이었다.

피터에게 귀기울이다보니 어떤 생각이 형체를 갖추기 시작했다. 『고도를 기다리며』에 나오는 엉뚱하고 막연하고 야단스러운 대화가 기이하리만치 친숙하게 느껴지는 이유는 문장의 음악이 우리를 끌어당겨 우리가 자기도 모르게 등장인물과 스스로를 동일시하기 때문이다. 우리는 그들의 도발, 강박, 고통, 상상력의 도약, 그리고 끊임없이 을러대면서도 서로 갈라서지 못하는 처지를 받아들인다. 사실상 그들이 하는 말의 리듬은 삶의 리듬이 되며 우리는 그 주문에 너무도 쉽게 홀린다.

이렇게 생각을 이어가다보니 환자와 보호자 사이에 종종 호전적 역학 관계가 조장되는 것은 대화에 엮인 인지적 편안함을 넘어선 무언가 때문이기도 한 게 아닌지 궁금했다. 어쩌면 그 역학 관계는 언어의 소리로부터, 우리를 또다른 대화로 꾀는 울림으로부터도 흘러나온다. 우리가 알듯 음악은 신경 장애 환자를 다시 깨워, 사라진 줄 알았던 마음 한구석에 불을 당기는 불가사의한 능력이 있다. 그렇다면 대화의 친숙한 리듬과 억양이 치매 환자를 꾀어 그들이 누군가와 공유한 현실로 돌려보낼 수도 있지 않을까?

피터와 어머니에게는 곧잘 상연하는 희극적 패턴이 있었다. 한 사람이 무언가(책이든 사탕이든 커피든 상관없다)를 간절히 원하는 척 끊임없이 간청한다. 그러면 상대방은 분노한 척 그 요청을 매몰차게 거절한다. 이 우스갯짓의 기원은 이제 모호해졌지만 그 상호작용, 그 연극 자체는 여전히 신선했다. 어머니가 기운이 없어 보이면 피터는 느닷없이 알랑거리는 어조로 말한다. "엄마, 제발, 제에에발 쿠키 먹어도 돼?" 메리는 이 말을 들으면 대뜸 역정 내며 대꾸한다. "안 돼, 안 돼, 안 돼. 쿠키 먹으면 안 돼!" 그러고는 둘 다 자지러지게 웃어댄다.

메리가 치매를 앓은 지 오랜 시간이 지난 뒤에도 이 우스갯짓은 여전히 효과가 있었다. 내가 피터를 마지막으로 본 것은 메리가 세상을 떠난 지 몇 주 지났을 즈음이었는데, 그는 어머니를 보러 호스피스를 방문한 때를 떠올렸다. 어머니는 쇠약해지고 거의 잠들다시피 한 상태였으며 그의 질문에 힘없이 "그래" "아니"라고 대답하는 것이 고작이었다. 하지만 어느 시점에 어머니가 나직한 목소리로 피터에게 침대맡 탁자에 놓인 물잔을 가져다달라고 부탁했다. "안 돼요!" 피터가 느닷없이 소리쳤다. 근처에 있던 간호사와 면회객들이 놀라 기겁했다. "엄마한테 물잔 안 드릴 거예요. 엄만 물 못 마셔요!" 그 즉시 메리는 상황을 파악하고는 유쾌하게 물을 애걸하기 시작했다. "제발, 제에에발, 물 주세요. 물 좀요, 제에에발요." 어머니가 애원할수록 피터는 더 격하게 퇴짜를 놓았다. 그러다 다시 한 번, 여느 때처럼 두 사람은 웃음보가 터져 캑캑거렸다.

그 순간 피터는 자신의 워드 걸이, 골리기를 좋아하고 골림

당하는 것도 좋아하는 사람이 돌아왔음을 느꼈다. "지금, 저 모습이 진짜 엄마예요." 그가 말했다.

당하는 것도 좋아하는 사람이 돌아왔음을 느꼈다. "지금, 저 모습이 진짜 엄마예요." 그가 말했다.

맺음말

모든 것이 끝나면, 질병과 환자 둘 다 떠나면 무슨 일이 일어날까? 보호자는 예전 삶으로 돌아가 자신이 떠나온 자리에서 새로 시작할 수 있을까? 물론 이것은 사별한 보호자들에게 장려되는 바로 그 대책이다. 친구와 친척들은 돌봄의 속앓이 못지않게 애도의 고통에 대해서도 불편한 기색을 내비치며 말한다. "이제 앞으로 나아갈 시간이야." 시련이 끝났으니 보호자들이 안도감을 느끼길 바라는 것이다. 어떤 보호자들은 이 일을 거뜬히 해내고 어떤 보호자들은 힘겨워한다.

나는 배우자나 부모를 떠나보낸 보호자를 만나면 대개 그들이 말하기도 전에 안다. 그들에겐 뭔가 다른 점이 있다. 그렇다. 그들은 더 느긋해 보인다. 위기를 예견하는 사람의 긴장하고 쫓기는 듯한 표정을 더는 짓지 않는다. 하지만 뭔가 꺼림칙

해 보인다. 어느 날 전직 보호자가 내게 이렇게 털어놓았다. 더는 돌봄 스트레스에 시달리지 않지만 "현실의 삶에 적응하느라" 애먹고 있다고.

사랑하는 사람의 현실에 적응하고 상대의 논리를 받아주고 상대의 요구에 끊임없이 대응하면서 보낸 기간이 길면, 환자의 사망 이후에 맞닥뜨리는 삶이 알츠하이머병 자체만큼 낯설 수 있다. 많은 보호자는 시시각각 자신에게 기대되던 것들이 사라졌다는 생각을 좀처럼 받아들이지 못한다. 적응하느라 애먹는 것은 그들의 마음만이 아니다. 그들의 몸에서도 허깨비 아드레날린이 돌아다니는 듯하다. 하지만 무엇하러?

스트레스는 여전하지만, 이 스트레스는 미납 의료비, 엉망이 된 집, 처분해야 하는 옷과 가구, 오랫동안 돌보지 않은 보호자 자신의 건강 문제 등 일상적이고 오래 지속되는 것들이다. 하지만 아직 뽑아 쓰지 않은 에너지 또는 불안은 다른 곳에 있다. 어떤 사람들은 자신이 그동안 부모의 요구 뒤에 가려져 있었음을 알게 된다. 실제로 한때 그들을 억압하던 것은 그들을 정의하는 것이기도 했다. 보살필 사람이 없어진 지금 그들은 누구일까?

과거나 현재에 어떤 고충을 겪었거나 겪고 있는 많은 사람은 다음에도 그대로 행동할 거라고 말한다. 그리고 거의 모두가 한마디 덧붙여야겠다고 생각한다. "하지만 이번에는 다르게 행동할 거예요." 실제로 그들이 가장 후회하는 것은 주로 자신의 행동에 대한 것들이다. 왜 싸웠을까? 왜 모진 말을 내뱉었을까? 왜 융통성을 발휘하지 못했을까? 병의 단계마다 적응하는 데 왜 그렇게 오래 걸렸을까? 보호자들이 토로하는 회한을 들으면서 그들의 마음이 자기 비난의 반향실이라고 상상한다. 보호자로서, 자녀와 배우자로서, 인간으로서의 실패가 메아리친다.

하지만 끼어들려는 충동을 억누른다. 그들을 자책하게 만들고 싶지 않다. 수많은 보호자를 만나봤기에 그들의 '못된' 행동 뒤에 숨은 진짜 범인을 모르지 않는다. 그래서 입을 다문다. 위로의 말은 그들이 내게서 필요로 하는 게 아니다. 그들에게 필요한 일은 자신의 후회를 자신의 목소리로 표현하는 것이다. 내가 배운 것이 하나라도 있다면 그것은 증거가, 아무리 명백하거나 논리적일지언정 대개는 사람들의 감정을 바꾸지 못한다는 것이다. 어쨌거나 그러기까지는 오랜 시간이 걸리며, 그들이 바뀔 준비가 되기 전에는 결코 변화가 일어나지 않는다.

이 책을 쓰기 시작했을 때 내가 바란 것은 보호자들이 겪는 어려움, 특히 자책, 겉보기에 비합리적인 행동, 그에 따르는 후회처럼 그들이 자초한 어려움을 이해하는 것이었다. 이 반응들이 거의 예외 없이 관찰되었기 때문에 나는 조바심과 좌절감을 넘어선 무언가가 작용한다는 느낌을 받았다.

실제로 보호자의 이야기를 듣고 뇌에 대한 연구를 읽을수록, '건강한' 뇌에 새겨진 편향과 성향이 인지 손상을 입은 뇌를 대하기에 여러 면에서 적합하지 않다는 생각이 커졌다. 이런 신경학적 제약이 존재하므로 나는 돌봄을 고역으로 만드는 것은 그들의 성격 결함이 아니라 뇌의 타고난 작동 방식임을 보호자들이 이해하길 바랐다. 그러고 나니 환자를 용서하라는 조언을 노상 듣는 보호자들이 스스로도 용서하길 자연스레 바라게 되었다.

그렇긴 해도 보호자가, 또는 이 문제에 대해서는 이 책을 읽는 누구든 행동 이면의 신경학적 원인을 이해한다고 해서 자신의 행동에 대한 책임을 면할 수 있으리라는 것은 순진한 발상이다. 어쨌거나 우리는 신경망이 우리를 정의하지 않는다고 믿는 경향이 있으며 어쩌면 그러도록 조건화되어 있는지도 모른다. 우리는 자신의 행동은 자신의 책임이라고 믿는다. 또한 옳고 그름을 자신이 결정한다고 믿는다. 우리는 도덕적 일탈에 신경학적 원인이 있다는 생각을 쉽사리 받아들이지 못한다. 이렇게 느끼는 탓에 사랑하는 사람이 못된 행동을 저질렀을 때 그들의 뇌에 결함이 있음을 알면서도 그들을 용서하는데 애를 먹는다.

샘에게 '알츠하이머 환자의 뇌' 사진을 보여주고서 얼마나 실망했는지 아직도 기억난다. 그는 사진을 쳐다보면서 아버지의 성격이 아니라 뇌가 문제임을 알게 되었지만, 그 깨달음이 그의 성미를 가라앉힌 지 고작 한두 시간 만에 티격태격하던 원래 역학 관계가 돌아왔다. 이와 마찬가지로 샘 자신의 뇌가 아버지의 알츠하이머병에 나름의 신경계 반응을 보일 수밖에 없다는 증거를 (이 책을 쓰는 과정에서) 보여주었더니 그는 자신의 행동이 별로 독특하지 않다는 사실에서 위안을 얻었지만, 그 느낌도 오래가지 않았다. 머지않아 그는 자신이 저지른 잘못이 자기 것이지 뇌 회로의 산물이 아니라고 다시 느끼게 되었다.

나도 여느 전직 보호자들과 다를 바 없다. 브롱크스에서 보낸 시간을 되돌아보면 여전히 이렇게 자책하게 된다. '다시 할 수 있다면 같은 실수를 저지르지 않을 거야. 이번에는 똑바로 하겠어.' 나는 건강한 뇌가 병에 걸린 뇌를 상대할 때 어떤 어려움을 겪는지에 대한 책을 썼음에도 뇌의 한계가 나의 한계라는 사실을 여전히 좀처럼 받아들이지 못한다.

어쩌면 그래도 나쁠 것은 없을지 모르겠다. 카너먼이 우리에게 상기시키고 싶어하듯, 편향과 성향은 우리가 오류를 저지르게끔 하지만 마음을 경이로운 것으로 만들기도 한다.[1] 알츠하이머병을 보고 받아들이는 것을 그토록 힘들게 만드는 직관은 우리로 하여금 돌이킬 수 없는 마음의 변화를 겪는 사람에게 유대감을 갖게 하는 바로 그 직관이다. 우리로 하여금 취약한 환자를 비난하게 만드는 직관은 그들에 대해 깊은 도덕적 식명 능력을 느끼게 해주기도 한다. 자신의 상처와 분노를 내려놓기 힘들게 만드는 직관은 우리가 환자의 인간성을 놓치지 않도록 해주기도 한다. 우리 마음이 작동하는 방식 중에서 본질적으로 이것 아니면 저것인 것은 하나도 없다. 우리도 마찬가지다.

나는 현재의 보호자와 과거의 보호자들이 모두 이 사실을 알게 되길 바라지만, 이 깨달음은 각자의 고유한 시간표에 따라 찾아와야 한다. 그 시간을 단축하는 것은 나의 일도, 그 누구의 일도 아니다. 몇 해 전 보호자의 자기파괴적 행동을 변화시키고 그에 따르는 죄책감을 덜어주려고 최선을 다한 적이 있다. 하지만 이제는 노력의 방향을 다른 쪽으로 돌려야 한다고 믿는다. 치매 장애에, 어쩌면 삶 자체에 접근하는 최선의 방법은 마음을 변화시키거나 상대방의 현실에 시비를 거는 것이 아니라, 마음을 이해하고 맥락 안에서 바라보고 모순을 감안하고 그저 그 마음으로 하여금 자신이 알 가치가 있는 마음을 알게 하는 것이라고 믿는다.

감사의 글

감사할 사람이 많습니다. 첫째, 저에게 이야기를 들려주고 시간을 아낌없이 내어준 모든 보호자에게 감사합니다. 물론 이 책의 페이지를 채운 보호자들에게 특히 신세를 졌습니다. 그들은 사랑과 희생뿐민 아니라 돌봄의 고충을 숨기지 않고 솔직하게 드러냄으로써 저에게 감동을 주었습니다. 그들이 자신의 경험을 들려준 덕에 다른 보호자들은 이 책을 읽고서 덜 외롭게 느낄지도 모르겠습니다.

저의 첫 사례 연구 대상자 샘 K.에게도 감사하고 싶습니다. 그는 친절하게도 자신의 이야기를 쓰도록 허락하는 것을 넘어서서 꼭 써야 한다고 당부했습니다. 제 생각을 적으라고 그가 격려하지 않았다면, 제게 쓸거리가 있다고 그가 믿어주지 않았다면 저는 도전하지 못했을 겁니다.

제임스 마커스를 만나고 많은 것이 바뀌었습니다. 그의 너그러움과 지도 둘 다 제게 무척 도움이 되었습니다. 그가 베풀어준 우정에 무척 감사합니다.

행운에 행운이 이어져 제임스가 사려 깊고 자상하고 든든한 저작권 대리인 진 오를 제게 소개해주었습니다. 그녀는 에세이와 짧은 제안서를 읽은 뒤 제가 말하려는 이야기를 대번에 파악했으며, 제가 이 이야기를 하고 싶어서 얼마나 애가 닳았는지 알아차렸습니다. 진은 직감과 직관을 발휘하여 제 책에 이상적인 편집자를 찾아주었습니다. 바로 힐러리 레드먼입니다. 이보다 더 세심하고 분별력 있는 편집자를 얻게 된다는 건 상상이 되지 않습니다. 힐러리는 산만하고 방대한 원고에 꼴을 갖춰주었을 뿐 아니라 제 책이 무엇일 수 있고 무엇이어야 하는지 보여주었습니다. 게다가 그녀와 함께 일하면 즐겁습니다.

이 책이 있기 전에 에세이가 있었습니다. 제 에세이를 〈아메리칸 스콜라〉에 받아준 로버트 윌슨과 친절하고 예리하게 편집해준 수디프 보스에게 감사합니다.

제드 러빈은 수십 년간 치매 장애에 대한 지식의 정보 제공자였지만, 그가 수많은 가족에게 신뢰를 얻은 것은 신중함과 섬세함 덕입니다. 그가 그 가족들의 이야기 몇 대목을 제게 들려준 것에는 말로 다 할 수 없는 의미가 있습니다.

애비 네이선슨은 저의 임상 능력을 확신했으며 그녀 덕에 저는 많은 보호자와 특히 자조 모임 지도자들과 함께 일하는 특권을 누렸습니다. 그들은 제가 이제껏 만난 어떤 사람들보다도 통찰력 있고 너그러웠습니다.

그리고 당신, 메리루시 로페스에게 감사합니다. 당신은 내가 힘든 상황을 헤쳐나가도록 힘을 주었고 당신의 온기, 유머, 슬기로운 조언 덕에 매사가 더 수월해졌습니다.

야도는 생각하고 헤엄치고 돌봄받는 느낌을 주는 장소를 제공해주었습니다. 그 덕에 마침내 한 권의 책을 탄생시킬 수 있었습니다.

소사이어티도서관과 그곳에서 일하는 사람들은 집필이라는 어마어마한 과제를 조금은 엄두가 나게 해주었습니다.

제 책을 미리 읽고 중요한 순간에 의견을 제시한 패멀라 데일리와 케리 프리드, 제 책을 믿어주고 추천의 글을 써준 조너선 갈라시에게도 감사를 표하고 싶습니다.

원고의 각 장들을 꼼꼼히 읽어준 조슈아 노브, 마이클 가자니가, 대니얼 샥터에게도 감사합니다.

특별히 노먼 도이지에게 감사합니다. 그의 다정함과 통찰력, 그리고 두말할 것 없이 그가 쏟아부은 시간과 노력은 꼭 필요한 때에 제게 찾아와주었습니다.

사랑하는 형제 드미트리(디마) 키퍼가 있어서 전 정말 운좋은 사람입니다. 저를 도와주려는 그의 의지에 비길 만한 것은 저를 도와주는 그의 능력뿐입니다.

그런가 하면 이 책의 가능성에 지지와 성원을 보내어 제가 끝까지 버티게 해준 오랜 친구 이나 부셸, 얼리사 컬리, 마리나 필더도 있습니다.

저의 벗, 아서 크리스털에게도 감사를 표하고 싶습니다.

마지막으로, 우리 부모님 마샤(마리야) 키퍼와 앨릭스 키퍼

에게 이 책을 바칩니다. 두 분의 사랑과 애정이 모든 것을 가
능하게 했습니다.

에게 이 책을 바칩니다. 두 분의 사랑과 애정이 모든 것을 가
능하게 했습니다.

머리말

1 루리야는 색스에게 사례사를 쓰라고 실제로 권유했다. Oliver Sacks, *The Man Who Mistook His Wife for a Hat and Other Clinical Tales* (Simon & Schuster, 1998), 5~6. 한국어판은 『아내를 모자로 착각한 남자』(알마, 2016) 23쪽.

2 Sacks, *Man Who Mistook His Wife*, 3~6. 한국어판은 같은 책 19쪽.

3 '인지 예비력'은 복잡한 개념이며 대체로 여러 종류의 회복력을 가리키는데, 일반적으로 뇌손상과 외적 병리 발현의 차이를 묘사한다. 이 차이가 큰 경우를 설명하는 모형은 몇 가지가 있다. 하나는 '뇌 예비력' 모형이다. 어떤 사람들은 뇌가 커서 신경세포와 시냅스가 더 많기에 뇌가 병증을 더 잘 견딜 수 있다. 내가 '인지 예비력'을 언급하는 방식은 '능동적' 모형을 따른다. 이 모형은 대안적 뇌 연결망을 동원하여 병증을 보상하는 뇌의 능력을 일컫는다. Yaakov Stern et al., "Brain Reserve, Cognitive Reserve, Compensation, and Maintenance: Operationalization, Validity, and Mechanisms of Cognitive Resilience," *Neurobiology of Aging* 83 (2019): 124~129. 인지 예비력을 설명할 수 있는 생활 방식 요인을 개관한 글로는 다음 논문을 보라. Suhang Song, Yaakov Stern, and Yian Gu, "Modifiable Lifestyle Factors and Cognitive Reserve: A Systematic Review of Current Evidence," *Ageing Research Reviews* 74 (2022): 101551.

4 색스는 투렛증후군을 구체적인 예시로 들었지만 나는 이 표현이 치매 장애에도 해당한다고 생각한다. Oliver Sacks, *An Anthropologist on Mars: Seven Paradoxical Tales* (Vintage, 1995), 77. 한국어판은 『화성의 인류학자』(바다출판사, 2005) 132쪽.

5 Sacks, *Anthropologist on Mars*, xi. 한국어판은 같은 책 31쪽.

6 Sacks, *Man Who Mistook His Wife*, 23. 한국어판은 『아내를 모자로 착각한 남자』 52쪽.

7 Sacks, *Man Who Mistook His Wife*, 29. 한국어판은 같은 책 61쪽.

8 Joseph R. Simpson, "DSM-5 and Neurocognitive Disorders," *Journal of the American Academy of Psychiatry and the Law Online* 42.2 (2014): 159~164. 한국어판은 『DSM-5-TR 정신질환의 진단 및 통계 편람 제5판』(학지사, 2023).

9 Joon-Ho Shin, "Dementia Epidemiology Fact Sheet 2022," *Annals of Rehabilitation Medicine* 46.2 (2022): 53.

10 Joseph Gaugler et al., "2022 Alzheimer's Disease Facts and Figures," *Alzheimer's and Dementia* 18.4 (2022): 700~789.

11 Henry Brodaty and Marika Donkin, "Family Caregivers of People with Dementia," *Dialogues in Clinical Neuroscience* 11.2 (2022): 217~228.

12 Sacks, *Anthropologist on Mars*, 244~296. 한국어판은 『화성의 인류학자』 365쪽.

13 Sacks, *Man Who Mistook His Wife*, ix. 한국어판은 『아내를 모자로 착각한 남자』 12쪽.

1장 브롱크스의 보르헤스

1 Jorge Luis Borges, "Funes the Memorious" (1962). 한국어판은 『픽션들』(민음사, 2011), 「기억의 천재 푸네스」.

2 같은 책, 153. 한국어판은 같은 책 145~146쪽.

3 같은 책, 152. 한국어판은 같은 책 143~144쪽.

4 같은 책, 154. 한국어판은 같은 책 148쪽.

5 Daniel L. Schacter, *The Seven Sins of Memory: How the Mind Forgets and Remembers* (Houghton Mifflin, 2002). 한국어판은 『도둑맞은 뇌』(인물과사상사, 2023).

6 샥터가 언급하는 것은 제럴드 에덜먼의 저작이다. Gerald Edelman, *Bright Air, Brilliant Fire* (Basic Books, 1992). Daniel L. Schacter, *Searching for Memory: The Brain, the Mind, and the Past* (Basic Books, 1996), 52.

7 Schacter, *Searching for Memory*, 71.

8 기억 흔적에 대한 현재의 개관으로는 다음 논문을 보라. Sheena A. Josselyn and Susumu Tonegawa, "Memory Engrams: Recalling the Past and Imagining the Future," *Science* 367.6473 (2020): eaaw4325.

9 같은 글.

10 Schacter, *Searching for Memory*, 71.

11 Perrine Ruby et al., "Perspective Taking to Assess Self-Personality: What's Modified in Alzheimer's Disease?" *Neurobiology of Aging* 30.10 (2009): 1637~1651.

12 '기억은 편향된다'라는 제목의 장에서 샥터는 기억의 부호화와 인출에서 '자아'가 맡는 포괄적 역할을 강조한다. 자아는 "중립적 세계 관찰자"가 아니다. 과거 사건을 "자기강화적 빛"에 비추어 기억하기 때문이다.

Searching for Memory, 150~153. 자기중심적 편향이 작동하는 사례로는 다음 논문을 보라. Michael Ross and Fiore Sicoly, "Egocentric Biases in Availability and Attribution," *Journal of Personality and Social Psychology* 37.3 (1979): 322. 자아가 기억에 미치는 막대한 영향에 대한 개관으로는 다음 논문을 보라. Anthony G. Greenwald, "The Totalitarian Ego," *American Psychologist* 35.7 (1980): 603~618; Cynthia S. Symons and Blair T. Johnson, "The Self-Reference Effect in Memory: A Meta-analysis," *Psychological Bulletin* 121.3 (1997): 371;Martin A. Conway, "Memory and the Self," *Journal of Memory and Language* 53.4 (2005): 594~628. 자아의 자기보호성에 대한 논의로는 다음 논문을 보라. Constantine Sedikides and Jeffrey D. Green, "Memory as a Self-Protective Mechanism," *Social and Personality Psychology Compass* 3.6 (2009): 1055~1068.

13 Oliver Sacks, "The Abyss: Music and Amnesia," *New Yorker* 24 (2007): 100~112.

14 Garvin Brod, Markus Werkle-Bergner, and Yee Lee Shing, "The Influence of Prior Knowledge on Memory: a Developmental Cognitive Neuroscience Perspective," *Frontiers in Behavioral Neuroscience* 7 (2013): 139.

15 명시적 기억과 암묵적 기억을 개관한 글로는 다음 논문을 보라. Daniel L. Schacter, C.-Y. Peter Chiu, and Kevin N. Ochsner, "Implicit Memory: A Selective Review," *Annual Review of Neuroscience* 16.1 (1993): 159-182. 암묵적 기억에 대한 현재의 연구에 대해서는 다음 논문을 보라. Daniel L. Schacter, "Implicit Memory, Constructive Memory, and Imagining the Future: A Career Perspective," *Perspectives on Psychological Science* 14.2 (2019): 256~272.

16 Alan J. Parkin, "Residual Learning Capability in Organic Amnesia," *Cortex* 18.3 (1982): 417~440. 실제로 두려움뿐 아니라 행복감과 슬픔도 지속될 수 있다. Justin S. Feinstein, Melissa C. Duff, and Daniel Tranel, "Sustained Experience of Emotion After Loss of Memory in Patients with Amnesia," *Proceedings of the National Academy of Sciences* 107.17 (2010): 7674~7679.

17 Vilayanur S. Ramachandran and Diane Rogers-Ramachandran, "Hidden in Plain Sight," *Scientific American Mind* 16.4 (2005): 16~18. 모호성에 대한 반감의 연구는 대부분 시각계와 관련하여 진행되었다. 하지만 대니

얼 카너먼이 기념비적 저서 『생각에 관한 생각』에서 설명하듯 우리의 뇌가 모호성을 자연적으로 억압하고 일관성의 느낌을 만들어내는 것은 그게 더 수월하기 때문이다. Daniel Kahneman, *Thinking, Fast and Slow* (Farrar, Straus and Giroux, 2013), 79~83. 한국어판은 『생각에 관한 생각』(김영사, 2018) 126~135쪽.

18 Borges, "Funes," 153. 한국어판은 『픽션들』 146쪽.

2장 약골

1 Franz Kafka, *The Metamorphosis* (Schocken Books, 1948). 한국어판은 『변신 · 단식 광대』(문학동네, 2024).

2 John Bowlby, "Attachment and Loss: Retrospect and Prospect," *American Journal of Orthopsychiatry* 52.4 (1982): 664.

3 Mary D. Salter Ainsworth, "Attachment as Related to Mother-Infant Interaction," in Jay S. Rosenblatt et al., *Advances in the Study of Behavior*, vol. 9 (Academic Press, 1979), 1~51.

4 볼비는 애착 체계가 "요람에서 무덤까지" 생애 전반에 걸쳐 영향을 미친다고 주장했다. 애착 체계가 우리와 타인의 여러 측면에, 또한 우리가 스트레스에 대처하는 방식에 어떤 영향을 미치는지에 대한 훌륭한 개관은 다음 논문에서 살펴볼 수 있다. Mario Mikulincer and Phillip R. Shaver, "The Attachment Behavioral System in Adulthood: Activation, Psychodynamics, and Interpersonal Processes," in M. P. Zanna, ed., *Advances in Experimental Social Psychology*, vol. 35 (New York: Academic Press, 2003), 53~152.

5 Howard Gardner, *The Mind's New Science: A History of the Cognitive Revolution* (Basic Books, 1987).

6 Sigmund Freud, "The Unconscious" (1915), in *Standard Edition of the Complete Psychological Works*, vol. 14 (London: Hogarth, 1959): 166~201.

7 John F. Kihlstrom, "The Cognitive Unconscious," *Science* 237.4821 (1987): 1445~1452.

8 Timothy D. Wilson, *Strangers to Ourselves: Discovering the Adaptive Unconscious* (Cambridge, Mass.: Harvard University Press, 2002). 한국어판은 『나는 왜 내가 낯설까』(부글북스, 2021) 37쪽.

9 Daniel M. Wegner, "Précis of the Illusion of Conscious Will," *Behavioral and Brain Sciences* 27.5 (2004): 649~659.

10 Christof Koch and Francis Crick, "The Zombie Within," *Nature* 411.6840 (2001): 893.

11 전문성, 솜씨, 습관, 목표 추구, 그 밖에 많은 정교한 인지 과정은 무의식적 레퍼토리의 일부이며 의식적 과정의 정신적 노력을 필요로 하지 않는다. John A. Bargh and Melissa J. Ferguson, "Beyond Behaviorism: On the Automaticity of Higher Mental Processes," *Psychological Bulletin* 126.6 (2000): 925; John A. Bargh et al., "The Automated Will: Nonconscious Activation and Pursuit of Behavioral Goals," *Journal of Personality and Social Psychology* 81.6 (2001): 1014; John A. Bargh and Erin L. Williams, "The Automaticity of Social Life," *Current Directions in Psychological Science* 15.1 (2006): 1~4.

12 우리는 행동하고 결정할 때 의식적 의지를 느끼는 (그럼으로써 과대평가하는) 경향이 있다. Wegner, "Précis of the Illusion of Conscious Will"; Ruud Custers and Henk Aarts, "The Unconscious Will: How the Pursuit of Goals Operates Outside of Conscious Awareness," *Science* 329.5987 (2010): 47~50; Roy F. Baumeister, E. J. Masicampo, and Kathleen D. Vohs, "Do Conscious Thoughts Cause Behavior?" *Annual Review of Psychology* 62 (2011): 331~361; John A. Bargh and Ezequiel Morsella, "The Unconscious Mind," *Perspectives on Psychological Science* 3.1 (2008): 73~79. 우리가 자동적 과정을 과소평가하고 그 연장선상에서 의식을 과대평가하는 데는 일리가 있다. 윌슨이 지적하듯 인식 결여는 무의식의 기본적 특징 중 하나이기 때문이다. Wilson, *Strangers to Ourselves*, 5. 한국어판은 『나는 왜 내가 낯설까』 19~20쪽. 이 주제는 5장에서 더 자세히 다룬다.

13 Wilson, *Strangers to Ourselves*, 22. 한국어판은 같은 책 48쪽.

14 Norman Doidge, *The Brain That Changes Itself: Stories of Personal Triumph from the Frontiers of Brain Science* (New York: Penguin, 2007): 209. 한국어판은 『기적을 부르는 뇌』(지호, 2008) 272쪽.

15 볼비는 애착 체계가 질병과 상실의 시기에 유난히 두드러진다고 생각했다. John Bowlby, "The Bowlby-Ainsworth Attachment Theory," *Behavioral and Brain Sciences* 2.4 (1979): 637~638. 연구자들은 노화에 따라, 특히 치매 장애를 앓음에 따라 애착 체계가 더 활성화된다는 사실을 발견함으로써 볼비의 주장을 뒷받침했다. C. J. Browne and E. Shlosberg, "Attachment Theory, Ageing and Dementia: A Review of the Literature," *Aging and Mental Health* 10.2 (2006): 134~142. 실

제로 상실, 고통, 질병을 맞닥뜨렸을 때 사람은 '애착 대상'을 찾는 경향이 있다. Giacomo d'Elia, "Attachment: A Biological Basis for the Therapeutic Relationship?" *Nordic Journal of Psychiatry* 55.5 (2001): 329~336. 치매 환자의 '애착 대상'은 대개 보호자이므로 졸졸 따라다니기, 매달리기, 끊임없이 불러대기, 안전을 상징하는 물체와 장소에 대한 전반적 고착 등 환자의 반복 행동이 그들을 겨냥하는 것은 놀랄 일이 아니다.

16 치매 연구자 베러 미선은 치매 장애를 앓는 사람들이 자신의 '질병 통찰'이 사라진 뒤에도 여전히 질병에 반응할 수 있다고 주장한다. 질병이 분리, 상실, 무력, 배제와 관련한 끊임없는 스트레스를 야기하기 때문이다. 이것이 요양원에서 치매 환자의 '부모 고착'으로 나타나는 현상의 원인이다. Bère M. L. Miesen, "Alzheimer's Disease, the Phenomenon of Parent Fixation and Bowlby's Attachment Theory," *International Journal of Geriatric Psychiatry* 8.2 (1993): 147~153; Bère Miesen, *Dementia in Close-up: Understanding and Caring for People with Dementia* (Routledge, 1999). 다른 연구자들도 비슷한 결과를 얻었다. 이를테면 다음 논문을 보라. Hannah Osborne, Graham Stokes, and Jane Simpson, "A Psychosocial Model of Parent Fixation in People with Dementia: The Role of Personality and Attachment," *Aging and Mental Health* 14.8 (2010): 928~937.

17 이 주제에 대해서는 연구가 거의 진행되지 않았지만 발병 전 애착 양식은 환자가 알츠하이머병에 대처하는 방식과 증상이 발현하는 방식에 계속해서 영향을 미치는 듯하다. Carol Magai and Stewart I. Cohen, "Attachment Style and Emotion Regulation in Dementia Patients and Their Relation to Caregiver Burden," *Journals of Gerontology. Series B: Psychological Sciences and Social Sciences* 53.3 (1998): 147~154.

18 애석하게도 애착이 환자와 보호자 두 사람에게 어떻게 영향을 미치는지에 대해서는 연구가 많이 이루어지지 않았다. 보호자의 애착은 치매 장애에 의해서도 촉발된다. Reidun Ingebretsen and Per Erik Solem, "Spouses of Persons with Dementia: Attachment, Loss and Coping," *Norsk Epidemiologi* 8.2 (1998).

19 자동적 과정과 통제된 과정은 다른 경향이 있다. 자동적 과정은 우리 뇌에서 선호되는 상태로, 효율적이고 수월하고 경직되고 멈추기 힘들다. 의식은 노력을 요하고 유연하고 인지 고갈을 더 많이 일으킨다. Robert S. Wyer, Jr., *The Automaticity of Everyday Life: Advances in Social Cognition*, vol. X (Psychology Press, 2014). 무의식적 특징과 의식적 특징에 대한 간

략한 안내로는 다음 도서가 있다. Wilson, *Strangers to Ourselves*, 49. 한국어판은 『나는 왜 내가 낯설까』 91쪽.

20 우리 뇌가 완벽한 이성을 추구하는 게 아니라 '그럭저럭 괜찮은 것'에 안주하는 것은 적응적 반응이다. 이것이 '제한된 합리성'에 대한 연구 이면의 발상이다. 이에 따르면 우리 뇌는 수월성과 효율성을 얻는 대가로 실수를 저지르고 엉뚱한 방향으로 나아가는 것을 감수한다. Gerd Gigerenzer and Reinhard Selten, eds., *Bounded Rationality: The Adaptive Toolbox* (MIT Press, 2002).

21 우리 뇌의 특징은 "게으르"고, "인지적 구두쇠"이고, "빠르고 간소한" 것을 전반적으로 선호하고, "정신적 노력 최소화"의 방향을 추구하는 경향이 있고, 힘든 변화보다 습관을 우대한다는 것이다. W. J. McGuire, "The Nature of Attitudes and Attitude Change," in Elliot Aronson and Gardner Lindzey, eds., *The Handbook of Social Psychology*, 2nd ed., vol. 3 (Addison-Wesley, 1969), 136~314; Shelley E. Taylor, "The Interface of Cognitive and Social Psychology," *Cognition, Social Behavior, and the Environment* 1 (1981): 189~211; Gerd Gigerenzer and Daniel G. Goldstein, "Reasoning the Fast and Frugal Way: Models of Bounded Rationality," *Psychological Review* 103.4 (1996): 650; Michael Ballé, "La loi du moindre effort mental: Les représentations mentales," *Sciences humaines (Auxerre)* 128 (2002): 36~39; A. David Redish, *The Mind Within the Brain: How We Make Decisions and How Those Decisions Go Wrong* (Oxford University Press, 2013); Wouter Kool et al., "Decision Making and the Avoidance of Cognitive Demand," *Journal of Experimental Psychology: General* 139.4 (2010): 665.

22 의식적 과정을 정의하는 특징 중 하나는 그것이 본질적으로 노력을 요하며 그 결과 뇌가 더 많은 에너지를 써야 한다는 것이다. Jan-Åke Nilsson, "Metabolic Consequences of Hard Work," *Proceedings of the Royal Society of London. Series B: Biological Sciences* 269.1501 (2002): 1735~1739.

23 우리 마음이 압박을 받거나 에너지가 고갈될 때 효율적인 무의식적 과정으로 재빨리 전환하는 이유는 5장에서 살펴볼 것이다.

3장 치매맹

1 Franz Carl Müller-Lyer, *Formen der Ehe, der Familie und der Verwandtschaft*, vol. 3 (J. F. Lehmann, 1911).

2 Daniel Kahneman, *Thinking, Fast and Slow* (Farrar, Straus and Giroux, 2013), 19~30. 한국어판은 『생각에 관한 생각』 37~53쪽.

3 Gordon L. Walls, "The Filling-In Process," *Optometry and Vision Science* 31.7 (1954): 329~341; Vilayanur S. Ramachandran, "Blind Spots," *Scientific American* 266.5 (1992): 86~91. 우리의 지각 체계가 언제 빈틈을 메우고 언제 메우지 않는지 검토한 문헌으로는 다음 논문을 보라. Lothar Spillmann et al., "Perceptual Filling-In from the Edge of the Blind Spot," *Vision Research* 46.25 (2006): 4252~4257.

4 Richard L. Gregory, "The Confounded Eye," *Illusion in Nature and Art* (1973), 49~96를 보라.

5 구체적으로, 우리가 저지르는 착각이나 실수는 세상을 더 안정적이고 덜 모호하고 잡음이 덜한 곳으로 보는 대가다. 그 덕에 우리는 세상을 더 쉽고 효율적으로 헤쳐나갈 수 있다. Andy Clark, *Surfing Uncertainty: Prediction, Action, and the Embodied Mind* (Oxford University Press, 2016), 51.

6 우리는 세상에 대한 우리의 지각이 세상의 실제 모습을 반영한다고 믿는 경향이 있다. 그 결과로 자신의 정확성과 객관성을 과대평가한다. 이 편향은 소박실재론으로 불리며 우리의 일상적 세계관에 대해서뿐 아니라 시지각에 대해서도 유효하다. Harvey S. Smallman and Mark John, "Naive Realism: Limits of Realism as a Display Principle," *Proceedings of the Human Factors and Ergonomics Society Annual Meeting* 49, no. 17 (2005); Andrew Ward, "Naive Realism in Everyday Life: Implications for Social Conflict," *Values and Knowledge* 103 (1996).

7 David Marr, *Vision: A Computational Investigation into the Human Representation and Processing of Visual Information* (San Francisco: W. H. Freeman, 1982).

8 이 개념은 헬름홀츠의 무의식적 추론 이론으로 거슬러올라갈 수 있다. Hermann von Helmholtz, *Handbuch der Physiologischen Optik: Mit 213 in den Text Eingedruckten Holzschnitten und 11 Tafeln*, vol. 9 (Voss, 1867). 능동적 또는 '하향식' 논증의 현재 사례는 다음 논문들에서 살펴볼 수 있다. Patricia S. Churchland, Vilayanur S. Ramachandran, and Terrence J. Sejnowski, "A Critique of Pure Vision," in *Large-Scale*

Neuronal Theories of the Brain, ed. Christof Koch and Joel L. David (MIT Press, 1993); Andy Clark, "Whatever Next? Predictive Brains, Situated Agents, and the Future of Cognitive Science," *Behavioral and Brain Sciences* 36.3 (2013): 181~204; Andy Clark, "Perceiving as Predicting," *Perception and Its Modalities* (2014): 23~43.

9   내적 모형의 유용성을 검토한 문헌으로는 다음 논문을 보라. Tai Sing Lee, "The Visual System's Internal Model of the World," *Proceedings of the IEEE* 103.8 (2015): 1359~1378.

10   Clark, *Surfing Uncertainty*, 225.

11   Nassim Nicholas Taleb, *The Black Swan: The Impact of the Highly Improbable* (Random House, 2007), 63~84. 한국어판은 『블랙 스완』(동녘사이언스, 2018) 130~164쪽.

12   Burrhus Frederic Skinner, "'Superstition' in the Pigeon," *Journal of Experimental Psychology* 38.2 (1948): 168.

13   인지심리학자들은 우발적 학습의 부산물로서의 미신에 대한 스키너의 연구를 뒷받침했다(우발적 학습은 연상을 필요로 한다). Jan Beck and Wolfgang Forstmeier, "Superstition and Belief as Inevitable By-Products of an Adaptive Learning Strategy," *Human Nature* 18.1 (2007): 35~46.

14   B. F. Skinner, "The Experimental Analysis of Behavior," *American Scientist* 45.4 (1957): 343~371.

15   Gregory J. Madden, Eric E. Ewan, and Carla H. Lagorio, "Toward an Animal Model of Gambling: Delay Discounting and the Allure of Unpredictable Outcomes," *Journal of Gambling Studies* 23.1 (2007): 63~83.

16   Daniel L. Schacter, "The Seven Sins of Memory: Insights from Psychology and Cognitive Neuroscience," *American Psychologist* 54.3 (1999): 182.

17   *The Believing Brain: From Ghosts and Gods to Politics and Conspiracies—How We Construct Beliefs and Reinforce Them as Truths* (New York: St. Martin's Griffin, 2012).

18   두 사건에 대해 인과관계를 상정하는 것이 더 안전하게 느껴지는 이유를 논의한 문헌으로는 다음 논문을 보라. Kevin R. Foster and Hanna Kokko, "The Evolution of Superstitious and Superstition-like Behaviour," *Proceedings of the Royal Society of London. Series B: Biological*

Sciences 276.1654 (2009): 31~37.

19 Shermer, *Believing Brain*, 62. 한국어판은 『믿음의 탄생』(지식갤러리, 2012).

20 Jennifer A. Whitson and Adam D. Galinsky, "Lacking Control Increases Illusory Pattern Perception," *Science* 322.5898 (2008): 115~117.

21 인지 착각은 착시와 마찬가지로 자동적으로 일어나기 때문에 극복하기가 똑같이 힘들다. 인지 착각을 '끄기' 힘든 이유는 그러려면 경계하고 끊임없이 의문을 가져야 하는데 적응적 게으름뱅이인 우리 뇌는 이런 노력을 회피하는 경향이 있기 때문이다. Kahneman, *Thinking, Fast and Slow*, 27~28. 한국어판은 『생각에 관한 생각』 48~50쪽.

4장 체호프와 좌뇌 통역사

1 Michael S. Gazzaniga and Joseph E. LeDoux, "The Split Brain and the Integrated Mind," in *The Integrated Mind* (Springer, 1978), 1~7; Michael S. Gazzaniga, "Organization of the Human Brain," *Science* 245.4921 (1989): 947~952; Michael S. Gazzaniga, "Cerebral Specialization and Interhemispheric Communication: Does the Corpus Callosum Enable the Human Condition?" *Brain* 123.7 (2000): 1293~1326.

2 Michael Gazzaniga, *Who's in Charge? Free Will and the Science of the Brain* (Ecco, 2012), 94~95. 한국어판은 『뇌로부터의 자유』(추수밭, 2012).

3 William Hirstein and Vilayanur S. Ramachandran, "Capgras Syndrome: A Novel Probe for Understanding the Neural Representation of the Identity and Familiarity of Persons," *Proceedings of the Royal Society of London. Series B: Biological Sciences* 264.1380 (1997): 437~444.

4 John M. Doran, "The Capgras Syndrome: Neurological/ Neuropsychological Perspectives," *Neuropsychology* 4.1 (1990): 29.

5 Stanley Schachter and Jerome Singer, "Cognitive, Social, and Physiological Determinants of Emotional State," *Psychological Review* 69.5 (1962): 379.

6 Patricia Churchland, *Brain-wise: Studies in Neurophilosophy* (MIT Press, 2002), 64. 한국어판은 『뇌처럼 현명하게』(철학과현실사, 2015) 115쪽.

7 '참자아' 개념은 우리의 초기 발달에서 나타나는 본질주의가 연장된 것이다. Paul Bloom, "Précis of How Children Learn the Meanings of

Words," *Behavioral and Brain Sciences* 24.6 (2001): 1095~1103; Paul Bloom, "Water as an Artifact Kind," in *Creations of the Mind: Theories of Artifacts and Their Representation* (Oxford University Press: 2007), 150~156.

8 Nina Strohminger, Joshua Knobe, and George Newman, "The True Self: A Psychological Concept Distinct from the Self," *Perspectives on Psychological Science* 12.4 (2017): 551~560; Andrew G. Christy, Rebecca J. Schlegel, and Andrei Cimpian, "Why Do People Believe in a 'True Self'? The Role of Essentialist Reasoning About Personal Identity and the Self," *Journal of Personality and Social Psychology* 117.2 (2019): 386.

9 Nina Strohminger and Shaun Nichols, "The Essential Moral Self," *Cognition* 131.1 (2014): 159~171.

10 George E. Newman, Paul Bloom, and Joshua Knobe, "Value Judgments and the True Self," *Personality and Social Psychology Bulletin* 40.2 (2014): 203~216; Strohminger, Knobe, and Newman, "The True Self"; Julian De Freitas et al., "Consistent Belief in a Good True Self in Misanthropes and Three Interdependent Cultures," *Cognitive Science* 42 (2018): 134~160.

11 Daniel Kahneman and Jason Riis, "Living, and Thinking About It: Two Perspectives on Life," *The Science of Well-Being* 1 (2005): 285~304.

12 Eugene K. Bristow, ed., *Anton Chekhov's Plays* (W. W. Norton, 1977), 95. 한국어판은 『체호프 희곡선』, 『바냐 삼촌』(을유문화사, 2012) 199쪽.

5장 고집 세고 끈질긴 최고경영자

1 Gazzaniga, *Who's in Charge?* 44~73. 한국어판은 『뇌로부터의 자유』.

2 David Eagleman, *Incognito: The Secret Lives of the Brain* (Vintage, 2012), 143. 한국어판은 『무의식은 어떻게 나를 설계하는가』(알에이치코리아, 2024).

3 이 기념비적 연구는 많은 논쟁을 촉발했다. 명심해야 할 것이 있는데, 리버트는 자유의지가 존재하지 않는다는 사실이 자신의 연구로 밝혀졌다고 믿지는 않았다. 그는 여전히 의식에 '거부권'이 있다고 주장한다. Benjamin Libet, Curtis A. Gleason, Elwood W. Wright, and Dennis K. Pearl, "Time of Conscious Intention to Act in Relation to Onset of Cerebral Activity (Readiness-Potential): The Unconscious Initiation of a Freely

Voluntary Act," *Brain* 106 (1983): 623; Benjamin Libet, "Unconscious Cerebral Initiative and the Role of Conscious Will in Voluntary Action," *Behavioral and Brain Sciences* 8.4 (1985): 529~539; Benjamin Libet, "Do We Have Free Will?" *Journal of Consciousness Studies* 6.8-9 (1999): 47~57. 리버트의 연구를 비판하는 사람도 많다. 어떤 연구자들은 자유의지의 본성처럼 복잡한 것을 밝혀내기에는 리버트의 연구가 너무 '피상적'이거나 '지엽적'이라고 주장했다. 또다른 연구자들은 '준비 전위'의 타당성에 의문을 제기했다. 비판 문헌과 옹호 문헌으로는 다음을 보라. Eoin Travers, Maja Friedemann, and Patrick Haggard, "The Readiness Potential Reflects Expectation, Not Uncertainty, in the Timing of Action," *bioRxiv* (2020).

4 Daniel M. Wegner, "The Mind's Best Trick: How We Experience Conscious Will," *Trends in Cognitive Sciences* 7.2 (2003): 65~69.

5 David Eagleman, *The Brain: The Story of You* (Pantheon, 2015), 94~95; Joaquim Pereira Brasil-Neto et al., "Focal Transcranial Magnetic Stimulation and Response Bias in a Forced-Choice Task," *Journal of Neurology, Neurosurgery and Psychiatry* 55.10 (1992): 964~966.

6 인종 편향에 대해서는 다음 논문들을 보라. Jeffrey J. Rachlinski et al., "Does Unconscious Racial Bias Affect Trial Judges?" *Notre Dame Law Review* 84 (2008): 1195, and David Arnold, Will Dobbie, and Crystal S. Yang, "Racial Bias in Bail Decisions," *Quarterly Journal of Economics* 133.4 (2018): 1885~1932. 일반적 편향과 휴리스틱 실수에 대해서는 다음 논문을 보라. Eyal Peer and Eyal Gamliel, "Heuristics and Biases in Judicial Decisions," *Court Review* 49 (2013): 114. 공복통이 가석방 심사에 미치는 영향에 대해서는 다음 논문을 보라. Shai Danziger, Jonathan Levav, and Liora Avnaim-Pesso, "Extraneous Factors in Judicial Decisions," *Proceedings of the National Academy of Sciences* 108.17 (2011): 6889~6892. 악천후와 간밤의 경기가 판결에 미치는 영향에 대해서는 다음 글을 보라. Daniel L. Chen, "This Morning's Breakfast, Last Night's Game: Detecting Extraneous Factors in Judging," IAST Working Papers 16-49, Institute for Advanced Study in Toulouse, 2016. '허기진 판사 연구'에 대해 비판이 제기되었음도 눈여겨보아야 한다. Andreas Glöckner, "The Irrational Hungry Judge Effect Revisited: Simulations Reveal That the Magnitude of the Effect Is Overestimated,"

Judgment and Decision Making 11.6 (2016): 601.

7 크릭과 코흐는 의식이 좀비 시스템을 통제하기 위해 존재한다고 주장한다. Francis Crick and Christof Koch, "Constraints on Cortical and Thalamic Projections: The No-Strong-Loops Hypothesis," *Nature* 391.6664 (1998): 245~250.

8 Eagleman, *Incognito*, 142. 한국어판은 『무의식은 어떻게 나를 설계하는가』.

9 Michael S. Gazzaniga, *The Consciousness Instinct: Unraveling the Mystery of How the Brain Makes the Mind* (Farrar, Straus and Giroux, 2018).

10 Mark E. Nelson and James M. Bower, "Brain Maps and Parallel Computers," *Trends in Neurosciences* 13.10 (1990): 403~408.

11 Paul Bloom, *Descartes' Baby: How the Science of Child Development Explains What Makes Us Human* (Basic Books, 2005). 한국어판은 『데카르트의 아기』(21세기북스, 2025).

12 Maciej Chudek et al., "Developmental and Cross-Cultural Evidence for Intuitive Dualism," *Psychological Science* 20 (2013): 1~19; Maira Roazzi, Melanie Nyhof, and Carl Johnson, "Mind, Soul and Spirit: Conceptions of Immaterial Identity in Different Cultures," *International Journal for the Psychology of Religion* 23.1 (2013): 75~86; H. Clark Barrett et al., "Intuitive Dualism and Afterlife Beliefs: A Cross-Cultural Study," *Cognitive Science* 45.6 (2021): e12992.

13 사회신경과학자 매슈 D. 리버먼은 우리 모두가 이원론자인 이유를 이렇게 설명한다. 뇌에는 우리가 마음에 대해 어떻게 생각하는지와 몸에 대해 어떻게 생각하는지 사이에 신경 격차가 있기 때문이다. Matthew D. Lieberman, *Social: Why Our Brains Are Wired to Connect* (New York: Crown, 2014), 186. 한국어판은 『사회적 뇌』(시공사, 2015) 278쪽.

14 물리적 세계와 정신적 세계에 대해 추론하는 뇌 부위는 서로 다른 것으로 생각된다. Rebecca Saxe and Nancy Kanwisher, "People Thinking About Thinking People: The Role of the Temporo-Parietal Junction in Theory of Mind'," in Gary G. Berntson and John T. Cacioppo, eds., *Social Neuroscience* (Psychology Press, 2013), 171~182. 아동 발달 연구에 따르면 아기들은 자연스럽게 물리적 대상과 정신적 상태에 대해 다르게 생각한다. Valerie A. Kuhlmeier, Paul Bloom, and Karen Wynn, "Do 5-Month-Old Infants See Humans as Material Objects?" *Cognition*

94.1 (2004): 95~103; Maria Legerstee, "A Review of the Animate-Inanimate Distinction in Infancy: Implications for Models of Social and Cognitive Knowing," *Early Development and Parenting* 1.2 (1992): 59~67.

15 Gilbert Ryle, *The Concept of Mind* (Routledge, 2009).한국어판은 『마음의 개념』(문예출판사, 1994).

16 몸과 마음의 구분을 단호하게 거부하는 신경과학자들조차 이원론적인 개념과 언어를 저술에 쓰는 것은 여전히 주저한다. Liad Mudrik and Uri Maoz, "'Me and My Brain': Exposing Neuroscience's Closet Dualism," *Journal of Cognitive Neuroscience* 27.2 (2015): 211~221.

6장 매일이 일요일이라면

1 신도 비육체적 애착 대상 역할을 할 수 있다. Aaron D. Cherniak et al., "Attachment Theory and Religion," *Current Opinion in Psychology* 40 (2021): 126~130.

2 Michael Tomasello, "The Ultra-Social Animal," *European Journal of Social Psychology* 44.3 (2014): 187~194.

3 Gerald Echterhoff, E. Tory Higgins, and John M. Levine, "Shared Reality: Experiencing Commonality with Others' Inner States About the World," *Perspectives on Psychological Science* 4.5 (2009): 496~521; Gerald Echterhoff and E. Tory Higgins, "Shared Reality: Construct and Mechanisms," *Current Opinion in Psychology* 23 (2018): iv~vii.

4 인간은 타인이 무엇을 느끼고 믿는지 추측할 때 자신의 지식, 믿음, 전문성을 그 대용물로 쓰는 경향이 있다. 이에 대해 심리학자들은 우리가 관점을 취할 때 자연스럽게 '자기중심성'을 띤다고 말하는데, 앞의 편향은 이 자기중심성의 부작용으로 여겨진다. 그중 한 예를 '거짓 합의 효과'라고 부르는데, 이것은 타인이 우리의 관점을 실제보다 더 많이 공유한다고 생각하게 만드는 편향이다. Lee Ross, David Greene, and Pamela House, "The 'False Consensus Effect': An Egocentric Bias in Social Perception and Attribution Processes," *Journal of Experimental Social Psychology* 13.3 (1977): 279~301; Boaz Keysar, Linda E. Ginzel, and Max H. Bazerman, "States of Affairs and States of Mind: The Effect of Knowledge of Beliefs," *Organizational Behavior and Human Decision Processes* 64.3 (1995): 283~293; Nicholas Epley et al., "Perspective Taking as Egocentric Anchoring and Adjustment," *Journal of Personality and Social Psychology* 87.3 (2004): 327; Nicholas Epley, Carey K. Morewedge, and Boaz Keysar, "Perspective Taking in Children and Adults: Equivalent Egocentrism but Differential Correction," *Journal of Experimental Social Psychology* 40.6 (2004): 760~768. '지식의 저주'라고 불리는 편향도 있다. 이 편향이 있으면 우리는 자신이 배웠거나 전문성을 가진 것에 대해 사람들이 아는 정도를 과대평가한다. Colin Camerer, George Loewenstein, and Martin Weber, "The Curse of Knowledge in Economic Settings: An Experimental Analysis," *Journal of Political Economy* 97.5 (1989): 1232~1254; Susan A. J. Birch et al., "A 'Curse of Knowledge' in the Absence of Knowledge? People Misattribute Fluency When Judging How Common Knowledge Is Among Their Peers," *Cognition* 166 (2017): 447~458. 투명성 착각도 있다. 이것은 우리가 어떻게 느끼는지에 대한 앎을 사람들이 얼마나 공유하는지를 과대평가하게 만든다. Thomas Gilovich, Kenneth Savitsky, and Victoria Husted Medvec, "The Illusion of Transparency: Biased Assessments of Others' Ability to Read One's Emotional States," *Journal of Personality and Social Psychology* 75.2 (1998): 332.

5 James A. Coan and John J. B. Allen, "Frontal EEG Asymmetry as a Moderator and Mediator of Emotion," *Biological Psychology* 67.1-2 (2004): 7~50; James A. Coan, John J. B. Allen, and Patrick E. McKnight, "A Capability Model of Individual Differences in Frontal EEG Asymmetry," *Biological Psychology* 72.2 (2006): 198~207. 메타분석에 따르면 좌우 복외측전전두피질이 정서 조절에 필수적이다. Nils Kohn et al., "Neural Network of Cognitive Emotion Regulation—an ALE Meta-analysis and MACM Analysis," *Neuroimage* 87 (2014): 345~355.

6 자동적 형태의 조절은 복내측 및 내측 안와 전전두엽피질과 관계있다. Mohammed R. Milad et al., "Thickness of Ventromedial Prefrontal Cortex in Humans Is Correlated with Extinction Memory," *Proceedings of the National Academy of Sciences* 102.30 (2005): 13; Gregory Quirk and Jennifer S. Beer, "Prefrontal Involvement in the Regulation of Emotion: Convergence of Rat and Human Studies," *Current Opinion in Neurobiology* 16.6 (2006): 723~727; Demetrio Sierra-Mercado, Jr., et al., "Inactivation of the Ventromedial Prefrontal Cortex Reduces Expression of Conditioned Fear and Impairs Subsequent

Recall of Extinction," *European Journal of Neuroscience* 24.6 (2006): 1751~1758.

7 노력을 요하는 형태의 조절에는 전전두엽피질 좌우 부위와 연관된 주의력, 작업기억, 재평가가 더 많이 필요하다. Kevin N. Ochsner et al., "Rethinking Feelings: An FMRI Study of the Cognitive Regulation of Emotion," *Journal of Cognitive Neuroscience* 14.8 (2002): 1215~1229; Kevin N. Ochsner and James J. Gross, "The Cognitive Control of Emotion," *Trends in Cognitive Sciences* 9.5 (2005): 242~249. 사회적 지지를 느끼면 뇌는 전전두엽피질에서 노력을 요하는 조절을 실시하지 않을 수 있으므로 대사 측면에서 값비싼 비용을 치르지 않아도 된다. 이 과정은 피질하 수준에서 일어나는 듯하다. Lane Beckes and James A. Coan, "Social Baseline Theory: The Role of Social Proximity in Emotion and Economy of Action," *Social and Personality Psychology Compass* 5.12 (2011): 976~988; Lane Beckes and David A. Sbarra, "Social Baseline Theory: State of the Science and New Directions," *Current Opinion in Psychology* 43 (2022): 36~41.

8 Dennis R. Proffitt, "Embodied Perception and the Economy of Action," *Perspectives on Psychological Science* 1.2 (2006): 110~122; James A. Coan and David A. Sbarra, "Social Baseline Theory: The Social Regulation of Risk and Effort," *Current Opinion in Psychology* 1 (2015): 87~91.

9 Lane Beckes, James A. Coan, and Karen Hasselmo, "Familiarity Promotes the Blurring of Self and Other in the Neural Representation of Threat," *Social Cognitive and Affective Neuroscience* 8.6 (2013): 670~677.

10 James A. Coan, "Toward a Neuroscience of Attachment," in Jude Cassidy and Phillip R. Shaver, eds., *Handbook of Attachment: Theory, Research, and Clinical Applications*, 2nd ed. (New York: Guilford Press, 2008), 241~268.

11 James A. Coan, Hillary S. Schaefer, and Richard J. Davidson, "Lending a Hand: Social Regulation of the Neural Response to Threat," *Psychological Science* 17.12 (2006): 1032~1039.

12 Matthew D. Lieberman and Naomi I. Eisenberger, "Pains and Pleasures of Social Life," *Science* 323.5916 (2009): 890~891.

13 좋아하는 초콜릿(과 그 밖의 쾌락)을 인식하는 부위는 공정도 좋아한다. 공

정 또한 매우 뿌듯하게 느껴진다. Lieberman, *Social*, 75. 한국어판은 『사회적 뇌』 116쪽.

14 John Cacioppo and William Patrick, *Loneliness: Human Nature and the Need for Social Connection* (W. W. Norton, 2009), 35~51. 한국어판은 『인간은 왜 외로움을 느끼는가』(민음사, 2013).

15 한정된 이유는 저마다 다른 유형의 의지력이 같은 에너지원을 놓고 다투기 때문이다. Matthew T. Gailliot et al., "Self-control Relies on Glucose as a Limited Energy Source: Willpower Is More than a Metaphor," *Journal of Personality and Social Psychology* 92.2 (2007): 325.

16 카너먼은 우리가 자아 고갈 상태에 있을 때 '직관적 오류'를 더 많이 저지르고 (담배에서 쿠키에 이르는) 유혹에 저항하는 것을 더 힘들어한다고 설명한다. Kahneman, *Thinking, Fast and Slow*, 42~44. 한국어판은 『생각에 관한 생각』 70~73쪽. 치매 장애에 효과적으로 대처하려 할 때 온갖 직관을 극복하느라(이를테면 이원론 편향을 억누르는 것) 애먹는 것은 놀랄일이 아니다. 타인의 현실을 받아들이거나 거기에 적응할 때 자제력이 필요한 이유는 타고난 자기중심적 관점을 극복해야 하기 때문이다. Lieberman, *Social*, 208~216; Jessica R. Cohen, Elliot T. Berkman, and Matthew D. Lieberman, "Intentional and Incidental Self-Control in Ventrolateral PFC," *Principles of Frontal Lobe Function* 2 (2013): 417~440; Charlotte E. Hartwright, Ian A. Apperly, and Peter C. Hansen, "The Special Case of Self-Perspective Inhibition in Mental, but Not Non-Mental, Representation," *Neuropsychologia* 67 (2015): 183~192. 첫번째 책의 한국어판은 『사회석 뇌』 311~323쪽.

17 부당한 요구를 무시할 때 뇌의 자제력 담당 부위가 활성화되는 이유는 인간(과 그 밖의 포유류)이 공정함 위반에 매우 예민하게 반응하도록 진화했기 때문이다. Golnaz Tabibnia, Ajay B. Satpute, and Matthew D. Lieberman, "The Sunny Side of Fairness: Preference for Fairness Activates Reward Circuitry (and Disregarding Unfairness Activates Self-Control Circuitry)," *Psychological Science* 19.4 (2008): 339~347.

18 리버먼은 복외측전전두피질 부위를 뇌의 '제동 시스템'이라고 부른다.

19 Roy F. Baumeister et al., "Ego Depletion: Is the Active Self a Limited Resource?" in *Self-Regulation and Self-control* (Routledge, 2018), 16~44. 자아 고갈 연구를 훌륭히 검토한 문헌은 다음 글에서 볼 수 있다. Mark Muraven, Jacek Buczny, and Kyle F. Law, "Ego Depletion: Theory and Evidence," (2019). 자아 고갈 개념의 비판과 옹호에 대한 개

관으로는 다음 논문을 보라. Malte Friese et al., "Is Ego Depletion Real? An Analysis of Arguments," *Personality and Social Psychology Review* 23.2 (2019): 107~131.

20 Patricia S. Churchland, *Brain-wise: Studies in Neurophilosophy* (MIT Press, 2002), 214~218. 한국어판은 『뇌처럼 현명하게』.

21 Patricia S. Churchland, "Neuroscience, Choice and Responsibility," Topics in Integrative Neuroscience (2008): 1.

22 처칠랜드가 염두에 둔 문헌은 다음 논문이다. "Fat and Free Will," *Nature Neuroscience* 3, no. 11 (November 1, 2000): 1057. 비만 관련 합병증에서의 렙틴의 결정적 역할에 대한 최근 연구로는 다음 논문을 보라. Olof S. Dallner et al., "Dysregulation of a Long Noncoding RNA Reduces Leptin Leading to a Leptin-Responsive Form of Obesity," *Nature Medicine* 25.3 (2019): 507~516; Milan Obradovic et al., "Leptin and Obesity: Role and Clinical Implication," *Frontiers in Endocrinology* 12 (2021): 585887. 비만에 대한 그 밖의 유전적 취약성에 대해서는 다음 논문을 보라. Ruth J. F. Loos and Giles S. H. Yeo, "The Genetics of Obesity: From Discovery to Biology," *Nature Reviews Genetics* 23.2 (2022): 120~133.

7장 슈테판 츠바이크와의 저녁식사

1 Jean-Paul Sartre, *No Exit and Three Other Plays*, translated by Stuart Gilbert (Vintage, 1989). 한국어판은 『닫힌 방·악마와 선한 신』(민음사, 2022).

2 사르트르는 이 '비진정성'을 타인으로 하여금 당신을 정의하게 함으로써 부정직한 행동을 하는 것으로 묘사한다. Jean-Paul Sartre, *Being and Nothingness*, translated by Hazel E. Barnes (Washington Square Press, 1993). 한국어판은 『존재와 무』(민음사, 2024).

3 뇌에서의 자기처리를 제대로 이해하려면 사회적 지각과 추론을 고려하는 것이 필수적이라고 리버먼은 주장한다. '자아'는 뇌의 여러 부위에 의해 끊임없이 구성될 뿐 아니라 사람들끼리 주고받는 영향에 의해서도 큰 폭으로 좌우된다. Matthew D. Lieberman and Jennifer H. Pfeifer, "The Self and Social Perception: Three Kinds of Questions in Social Cognitive Neuroscience," in *The Cognitive Neuroscience of Social Behaviour* (Psychology Press, 2004), 207~248.

4 사회적 추론과 자기평가 사이에는 신경학적으로 겹치는 부분이 많다. Kevin

N. Ochsner et al., "The Neural Correlates of Direct and Reflected Self-Knowledge," *Neuroimage* 28.4 (2005): 797~814; Jennifer H. Pfeifer, Matthew D. Lieberman, and Mirella Dapretto, "'I Know You Are But What Am I?!': Neural Bases of Self- and Social Knowledge Retrieval in Children and Adults," *Journal of Cognitive Neuroscience* 19.8 (2007): 1323~1337; Joseph M. Moran, William M. Kelley, and Todd F. Heatherton, "What Can the Organization of the Brain's Default Mode Network Tell Us About Self-Knowledge?" *Frontiers in Human Neuroscience* 7 (2013): 391; Adrianna C. Jenkins and Jason P. Mitchell, "Medial Prefrontal Cortex Subserves Diverse Forms of Self-Reflection," *Social Neuroscience* 6.3 (2011): 211~218.

5   Lieberman, *Social*, 9. 한국어판은 『사회적 뇌』 21쪽.

6   같은 책, 189. 한국어판은 같은 책 283쪽.

7   같은 책, 194~202. 한국어판은 같은 책 355~357쪽.

8   Marcus E. Raichle et al., "A Default Mode of Brain Function," *Proceedings of the National Academy of Sciences* 98.2 (2001): 676~682; Wei Gao et al., "Evidence on the Emergence of the Brain's Default Network from 2-Week-Old to 2-Year-Old Healthy Pediatric Subjects," *Proceedings of the National Academy of Sciences* 106.16 (2009): 6790~6795.

9   Lieberman, *Social*, 22~33. 한국어판은 『사회적 뇌』 42~49쪽. 어떤 사람들은 우리 뇌가 커진 것이 점점 복잡해지는 사회 구조에 대처해야 하는 압박 때문이라고 주장한다. 달리 말하자면 우리의 커다란 뇌는 우리가 사회적 세계를 헤쳐나가도록 도와주기 위해 있는 것이다. F. Javier Pérez-Barbería, Susanne Shultz, and Robin I. M. Dunbar, "Evidence for Coevolution of Sociality and Relative Brain Size in Three Orders of Mammals," *Evolution* 61.12 (2007): 2811~2821.

10 Kipling D. Williams and Blair Jarvis, "Cyberball: A Program for Use in Research on Interpersonal Ostracism and Acceptance," *Behavior Research Methods* 38.1 (2006): 174~180; Kipling D. Williams, Christopher K. T. Cheung, and Wilma Choi, "Cyberostracism: Effects of Being Ignored over the Internet," *Journal of Personality and Social Psychology* 79.5 (2000): 748.

11 Naomi I. Eisenberger, Matthew D. Lieberman, and Kipling D. Williams, "Does Rejection Hurt? An fMRI Study of Social Exclusion,"

Science 302.5643 (2003): 290~292.

12 Lisa Zadro, Kipling D. Williams, and Rick Richardson, "How Low Can You Go? Ostracism by a Computer Is Sufficient to Lower Self-Reported Levels of Belonging, Control, Self-Esteem, and Meaningful Existence," *Journal of Experimental Social Psychology* 40.4 (2004): 560~567.

13 Naomi I. Eisenberger and Matthew D. Lieberman, "Why Rejection Hurts: A Common Neural Alarm System for Physical and Social Pain," *Trends in Cognitive Sciences* 8.7 (2004): 294~300.

14 C. Nathan DeWall et al., "Acetaminophen Reduces Social Pain: Behavioral and Neural Evidence," *Psychological Science* 21.7 (2010): 931~937.

15 Naomi I. Eisenberger, "The Neural Bases of Social Pain: Evidence for Shared Representations with Physical Pain," *Psychosomatic Medicine* 74.2 (2012): 126.

16 Jaak Panksepp et al., "The Biology of Social Attachments: Opiates Alleviate Separation Distress," *Biological Psychiatry* 13.5 (1978): 607~618.; Eric E. Nelson and Jaak Panksepp, "Brain Substrates of Infant-Mother Attachment: Contributions of Opioids, Oxytocin, and Norepinephrine," *Neuroscience and Biobehavioral Reviews* 22.3 (1998): 437~452.

17 Geoff MacDonald and Mark R. Leary, "Why Does Social Exclusion Hurt? The Relationship Between Social and Physical Pain," *Psychological Bulletin* 131.2 (2005): 202.

18 Paul D. MacLean and John D. Newman, "Role of Midline Frontolimbic Cortex in Production of the Isolation Call of Squirrel Monkeys," *Brain Research* 450.1-2 (1988): 111~123; Bryan W. Robinson, "Vocalization Evoked from Forebrain in Macaca Mulatta," *Physiology and Behavior* 2.4 (1967): 345~354. 리버먼은 이 연구들로부터 배측전전두엽피질이 모자 애착에, 따라서 생존에 중요하다고 결론 내린다. Lieberman, *Social*, 55. 한국어판은 『사회적 뇌』 86~87쪽.

19 John S. Stamm, "The Function of the Median Cerebral Cortex in Maternal Behavior of Rats," *Journal of Comparative and Physiological Psychology* 48.4 (1955): 347.

20 Nicholas K. Humphrey, "Nature's Psychologists," *New Scientist* 1109 (1978): 900~904.

8장 배후 조종자

1 Antonio Damasio, *Descartes' Error: Emotion, Reason, and the Human Brain* (Random House, 2006), 34~51. 한국어판은 『데카르트의 오류』 (눈출판그룹, 2017) 75~99쪽.

2 (라틴아메리카계, 아프리카계 미국인, 아메리카 원주민을 비롯한) 소수민족 집단에 비해 아시아계 인구 집단에서는 치매가 수치와 낙인과 결부되어 있어 질병이 간과되고 진단이 늦어지며 이는 돌봄과 관리에 전반적 걸림돌로 작용한다. Sahnah Lim et al., "Alzheimer's Disease and Its Related Dementias Among Asian Americans, Native Hawaiians, and Pacific Islanders: A Scoping Review," *Journal of Alzheimer's Disease* 77.2 (2020): 523~537.

3 다마지오는 엘리엇의 지능과 합리성에 지나치게 주의를 기울인 탓에 감정에 별로 주의를 기울이지 못했다고 설명한다. Damasio, *Descartes' Error*, 44. 한국어판은 『데카르트의 오류』 89쪽.

4 D. Keltner and J. S. Lerner, *Emotion*, in D. T. Gilbert, S. T. Fiske, and G. Lindzey, eds., *Handbook of Social Psychology* (2010).

5 구체적으로 말하자면 의사결정을 연구하는 학자들은 열정과 냉정, 이성과 감정의 이분법을 없애는 대신 이성을 다양하고 중첩되는 양상들의 기능으로 이해하고자 한다. Elizabeth A. Phelps, Karolina M. Lempert, and Peter Sokol-Hessner, "Emotion and Decision Making: Multiple Modulatory Neural Circuits," *Annual Review of Neuroscience* 37.1 (2014): 263 - 287; Gerald L. Clore, "Psychology and the Rationality of Emotion," *Modern Theology* 27.2 (2011): 325~338; Robert Oum and Debra Lieberman, "Emotion Is Cognition: An Information-Processing View of the Mind," in *Do Emotions Help or Hurt Decision Making? A Hedgefoxian Perspective* (Russell Sage Foundation, 2007), 133~154.

6 Damasio, *Descartes' Error*, 128. 한국어판은 『데카르트의 오류』 200쪽.

7 같은 책, xvi. 한국어판은 같은 책 21쪽.

8 Antonio R. Damasio, "The Somatic Marker Hypothesis and the Possible Functions of the Prefrontal Cortex," *Philosophical Transactions of the Royal Society of London. Series B: Biological Sciences* 351.1346 (1996): 1413~1420.

9 Emadeddin Rahmanian Koshkaki and Sepideh Solhi, "The Facilitating Role of Negative Emotion in Decision Making Process: A Hierarchy of

Effects Model Approach," *Journal of High Technology Management Research* 27.2 (2016): 119~128; Norbert Schwarz, "Feelings as Information: Informational and Motivational Functions of Affective States," in E. T. Higgins and R. M. Sorrentino, eds., *Handbook of Motivation and Cognition: Foundations of Social Behavior*, vol. 2 (New York: Guilford Press, 1990), 527~561.

10 감정 휴리스틱이 어떤 역할을 하는지에 대한 훌륭한 개관으로는 다음 논문을 보라. Paul Slovic et al., "Rational Actors or Rational Fools: Implications of the Affect Heuristic for Behavioral Economics," *Journal of Socio-Economics* 31.4 (2002): 329~342. 우리가 어떻게 느낌을 이용하고 생각과 판단을 결정하는지에 대한 자세한 내용은 다음 논문을 보라. Melissa L. Finucane et al., "The Affect Heuristic in Judgments of Risks and Benefits," *Journal of Behavioral Decision Making* 13.1 (2000): 1~17. 의사결정에서 감정이 맡은 중요한 역할에 대한 전반적 개관으로는 다음 논문을 보라. Jennifer S. Lerner et al., "Emotion and Decision Making," *Annual Review of Psychology* 66.1 (2015).

11 내가 염두에 둔 책은 『알츠하이머 언어로 말하는 법 배우기*Learning to Speak Alzheimer's*』다. 이 책은 치매 장애를 앓는 사람과 소통하는 효과적 전략을 보호자들에게 가르친다. Joanne Koenig Coste, *Learning to Speak Alzheimer's: A Groundbreaking Approach for Everyone Dealing with the Disease* (Houghton Mifflin Harcourt, 2004).

12 Gerald L. Clore and Karen Gasper, "Feeling Is Believing: Some Affective Influences on Belief," in N. H. Frijda, A.S.R. Manstead, and S. Bem, eds., *Emotions and Beliefs: How Do Emotions Influence Beliefs?* (Cambridge: Cambridge University Press, 2000), 10~44.

13 우리는 보고 듣는 것을 사실로 믿거나 받아들이는 성향을 타고났기 때문에 우리 마음은 터무니없는 것조차 이해하려 든다. Daniel T. Gilbert, Douglas S. Krull, and Patrick S. Malone, "Unbelieving the Unbelievable: Some Problems in the Rejection of False Information," *Journal of Personality and Social Psychology* 59.4 (1990): 601.

14 우리가 사람들의 말을 믿는 경향에 대한 훌륭한 개관으로는 다음 논문을 보라. Timothy R. Levine, "Truth-Default Theory (TDT): A Theory of Human Deception and Deception Detection," *Journal of Language and Social Psychology* 33.4 (2014): 378~392. 우리가 얼마나 쉽게 믿느냐면 가식적인 사탕발림을 사람이 할 때뿐 아니라 마음 없는 컴퓨터가 할

때조차 믿는 경향이 있다. Elaine Chan and Jaideep Sengupta, "Insincere Flattery Actually Works: A Dual Attitudes Perspective," *Journal of Marketing Research* 47.1 (2010): 122~133; Brian J. Fogg and Clifford Nass, "Silicon Sycophants: The Effects of Computers That Flatter," *International Journal of Human-Computer Studies* 46.5 (1997): 551~561.

9장 아, 인류여

1   Herman Melville, *Billy Budd, Sailor and Other Stories* (Signet Classics, 1961). 한국어판은 『필경사 바틀비』(문학동네, 2021).

2   Melville, *Bartleby*, 110. 한국어판은 같은 책 25쪽.

3   같은 책, 111. 한국어판은 같은 책 27쪽.

4   같은 책, 113. 한국어판은 같은 책 33쪽.

5   바틀비가 누구를 상징하는가에 대한 비평가들의 견해를 훌륭히 검토한 문헌으로는 다음 글을 보라. Milton R. Stern, "Towards 'Bartleby the Scrivener,'" *Bloom's Modern Critical Views: Herman Melville* (Chelsea House, 1979): 13~38.

6   Melville, *Bartleby*, 120. 한국어판은 『필경사 바틀비』 47쪽.

7   이 장에서는 우리의 마음에 왜 의도, 믿음, 목표를 찾아보는 생물학적 성향이 있는지 설명할 것이다.

8   Andrew N. Meltzoff and M. Keith Moore, "Newborn Infants Imitate Adult Facial Gestures," *Child Development* (1983): 702~709; Andrew N. Meltzoff and M. Keith Moore, "Imitation of Facial and Manual Gestures by Human Neonates," *Science* 198.4312 (1977): 75~78; Giuseppe Di Pellegrino et al., "Understanding Motor Events: A Neurophysiological Study," *Experimental Brain Research* 91.1 (1992): 176~180; Luciano Fadiga et al., "Motor Facilitation During Action Observation: A Magnetic Stimulation Study," *Journal of Neurophysiology* 73.6 (1995): 2608~2611; G. Rizzolatti et al., "Localization of Cortical Areas Responsive to the Observation of Hand Grasping Movements in Humans: A PET Study," *Experimental Brain Research* 111.2 (1996): 246~252; Vittorio Gallese et al., "Action Recognition in the Premotor Cortex," *Brain* 119.2 (1996): 593~609.

9   Giacomo Rizzolatti and Maddalena Fabbri–Destro, "Mirror Neurons," *Scholarpedia* 3.1 (2008): 2055; Maddalena Fabbri–Destro and

Giacomo Rizzolatti, "Mirror Neurons and Mirror Systems in Monkeys and Humans," *Physiology* 23.3 (2008): 171~179; Flavia Filimon et al., "Human Cortical Representations for Reaching: Mirror Neurons for Execution, Observation, and Imagery," *Neuroimage* 37.4 (2007): 1315~1328.

10 Giacomo Rizzolatti and Maddalena Fabbri-Destro, "The Mirror System and Its Role in Social Cognition," *Current Opinion in Neurobiology* 18.2 (2008): 179~184; Marco Iacoboni et al., "Grasping the Intentions of Others with One's Own Mirror Neuron System," *PLoS Biology* 3.3 (2005): e79.

11 우리는 신체적 통증과 정서적 고통을 둘 다 간접적으로 느낀다. 물론 고통을 관찰하고 경험하는 것은 뇌에서 일어나는 일대일 경험이 아니며 대량의 공유된 신경의 표상이 있다. Philip L. Jackson, Andrew N. Meltzoff, and Jean Decety, "How Do We Perceive the Pain of Others? A Window into the Neural Processes Involved in Empathy," *Neuroimage* 24.3 (2005): 771~779; Claus Lamm, Jean Decety, and Tania Singer, "Meta-analytic Evidence for Common and Distinct Neural Networks Associated with Directly Experienced Pain and Empathy for Pain," *Neuroimage* 54.3 (2011): 2492~2502; Claus Lamm et al., "What Are You Feeling? Using Functional Magnetic Resonance Imaging to Assess the Modulation of Sensory and Affective Responses During Empathy for Pain," *PloS One* 2.12 (2007): e1292; Kevin N. Ochsner et al., "Your Pain or Mine? Common and Distinct Neural Systems Supporting the Perception of Pain in Self and Other," *Social Cognitive and Affective Neuroscience* 3.2 (2008): 144~160; Sören Krach et al., "Your Flaws Are My Pain: Linking Empathy to Vicarious Embarrassment," *PloS One* 6.4 (2011): e18675; Bruno Wicker et al., "Both of Us Disgusted in My Insula: The Common Neural Basis of Seeing and Feeling Disgust," *Neuron* 40.3 (2003): 655~664; Matthew Botvinick et al., "Viewing Facial Expressions of Pain Engages Cortical Areas Involved in the Direct Experience of Pain," *Neuroimage* 25.1 (2005): 312~319.

12 Ulf Dimberg, "Facial Reactions to Facial Expressions," *Psychophysiology* 19.6 (1982): 643~647; Ulf Dimberg and Monika Thunberg, "Rapid Facial Reactions to Emotional Facial Expressions," *Scandinavian Journal of Psychology* 39.1 (1998): 39~45; Ulf

Dimberg, Monika Thunberg, and Kurt Elmehed, "Unconscious Facial Reactions to Emotional Facial Expressions," *Psychological Science* 11.1 (2000): 86~89; Lars-Olov Lundqvist and Ulf Dimberg, "Facial Expressions Are Contagious," *Journal of Psychophysiology* 9 (1995): 203~211; Krystyna Rymarczyk et al., "Empathy in Facial Mimicry of Fear and Disgust: Simultaneous EMG-fMRI Recordings During Observation of Static and Dynamic Facial Expressions," *Frontiers in Psychology* 10 (2019): 701.

13 David A. Havas et al., "Cosmetic Use of Botulinum Toxin-A Affects Processing of Emotional Language," *Psychological Science* 21.7 (2010): 895~900. 어떤 이유에서인지 얼굴 표정을 짓는 능력이 억제되면 우리는 타인의 감정을 경험하는 능력이 줄어든다. 타인의 표정을 모방하는 것은 타인이 어떻게 느끼는지 이해하는 한 가지 방법이기 때문이다. Paula M. Niedenthal et al., "When Did Her Smile Drop? Facial Mimicry and the Influences of Emotional State on the Detection of Change in Emotional Expression," *Cognition and Emotion* 15.6 (2001): 853~864; David T. Neal and Tanya L. Chartrand, "Embodied Emotion Perception: Amplifying and Dampening Facial Feedback Modulates Emotion Perception Accuracy," *Social Psychological and Personality Science* 2.6 (2011): 673~678.

14 Dominik Mischkowski, Jennifer Crocker, and Baldwin M. Way, "From Painkiller to Empathy Killer: Acetaminophen (Paracetamol) Reduces Empathy for Pain," *Social Cognitive and Affective Neuroscience* 11.9 (2016): 1345~1353.

15 Elaine Hatfield, John T. Cacioppo, and Richard L. Rapson, "Emotional Contagion," *Studies in Emotion and Social Interaction* (Cambridge University Press, 1994); Elaine Hatfield et al., "New Perspectives on Emotional Contagion: A Review of Classic and Recent Research on Facial Mimicry and Contagion," *Interpersona: An International Journal on Personal Relationships* 8.2 (2014).

16 Stephanie D. Preston and Frans B. M. de Waal, "Empathy: Its Ultimate and Proximate Bases," *Behavioral and Brain Sciences* 25.1 (2002): 1~20; Hanna Drimalla et al., "From Face to Face: The Contribution of Facial Mimicry to Cognitive and Emotional Empathy," *Cognition and Emotion* 33.8 (2019): 1672~1686; Jean Decety and Philip L.

Jackson, "A Social-Neuroscience Perspective on Empathy," *Current Directions in Psychological Science* 15.2 (2006): 54~58; Shinya Yamamoto, "Primate Empathy: Three Factors and Their Combinations for Empathy-Related Phenomena," *Wiley Interdisciplinary Reviews: Cognitive Science* 8.3 (2017): e1431; Frans B. M. de Waal, "The Antiquity of Empathy," *Science* 336.6083 (2012): 874~876; Lian T. Rameson and Matthew D. Lieberman, "Empathy: A Social Cognitive Neuroscience Approach," *Social and Personality Psychology Compass* 3.1 (2009): 94~110. 흉내 체계는 감정이입에 이르는 여러 경로 중 하나로 간주된다는 것에 유의하라.

17 Paul Bloom, *Against Empathy: The Case for Rational Compassion* (Ecco, 2016), 65~67. 한국어판은 『공감의 배신』(시공사, 2019) 101~103쪽. 사실 자신을 타인의 처지에 대입하면 실제로 정확성이 감소한다. Nicholas Epley, *Mindwise: Why We Misunderstand What Others Think, Believe, Feel, and Want* (Vintage, 2015), 168~169; Nicholas Epley, Eugene M. Caruso, and Max H. Bazerman, "When Perspective Taking Increases Taking: Reactive Egoism in Social Interaction," *Journal of Personality and Social Psychology* 91.5 (2006): 872. 치매 장애를 앓는다는 것이 어떤지 상상하다가 자기중심적 오류에 빠질 수 있으므로 이 오류를 줄이는 최선의 방법은 사람들에게 마음 상태에 대해 직접 질문하는 것이다. Epley, *Mindwise*, 173. 물론 상대방이 치매 장애 후기일 때는 간단한 문제가 아니다. 환자의 마음 상태를 알지 못하는 것은 돌봄의 커다란 어려움 중 하나이며 이 때문에 많은 보호자는 자신의 감정을 환자에게 투사한다. 두번째 책의 한국어판은 『마음을 읽는다는 착각』(을유문화사, 2014).

18 David Premack and Guy Woodruff, "Does the Chimpanzee Have a Theory of Mind?" *Behavioral and Brain Sciences* 1.4 (1978): 515~526; Helen L. Gallagher and Christopher D. Frith, "Functional Imaging of 'Theory of Mind,'" *Trends in Cognitive Sciences* 7.2 (2003): 77~83; James K. Rilling et al., "The Neural Correlates of Theory of Mind Within Interpersonal Interactions," *Neuroimage* 22.4 (2004): 1694~1703; David M. Amodio and Chris D. Frith (2006), "Meeting of Minds: The Medial Frontal Cortex and Social Cognition," in *Discovering the Social Mind: Selected Works of Christopher D. Frith* (Psychology Press, 2016), 183~207.

19 Fritz Heider and Marianne Simmel, "An Experimental Study of

Apparent Behavior," *American Journal of Psychology* 57.2 (1944): 243~259.

20 Fulvia Castelli et al., "Movement and Mind: A Functional Imaging Study of Perception and Interpretation of Complex Intentional Movement Patterns," *Social Neuroscience: Key Readings* (2005): 155; Fulvia Castelli et al., "Movement and Mind: A Functional Imaging Study of Perception and Interpretation of Complex Intentional Movement Patterns," in *Social Neuroscience* (Psychology Press, 2013), 155~169.

21 예측의 중요성에 대한 개관으로는 다음 논문을 보라. Andy Clark, "Whatever Next? Predictive Brains, Situated Agents, and the Future of Cognitive Science," *Behavioral and Brain Sciences* 36.3 (2013): 181~204.

22 Elliot C. Brown and Martin Brüne, "The Role of Prediction in Social Neuroscience," *Frontiers in Human Neuroscience* 6 (2012): 147.

23 Daniel Clement Dennett, *The Intentional Stance* (MIT Press, 1987). '지향적 태도' 개념은 사회신경과학 연구의 뒷받침을 받았다. Bryan T. Denny et al., "A Meta-analysis of Functional Neuroimaging Studies of Self- and Other Judgments Reveals a Spatial Gradient for Mentalizing in Medial Prefrontal Cortex," *Journal of Cognitive Neuroscience* 24.8 (2012): 1742~1752; Rogier B. Mars et al., "On the Relationship Between the 'Default Mode Network' and the 'Social Brain,'" *Frontiers in Human Neuroscience* 6 (2012): 189; Robert P. Spunt, Meghan L. Meyer, and Matthew D. Lieberman, "The Default Mode of Human Brain Function Primes the Intentional Stance," *Journal of Cognitive Neuroscience* 27.6 (2015): 1116~1124.

24 Nicholas Epley, Adam Waytz, and John T. Cacioppo, "On Seeing Human: A Three-Factor Theory of Anthropomorphism," *Psychological Review* 114.4 (2007): 864; Adam Waytz et al., "Making Sense by Making Sentient: Effectance Motivation Increases Anthropomorphism," *Journal of Personality and Social Psychology* 99.3 (2010): 410.

25 Melville, *Bartleby*, 122. 한국어판은 『필경사 바틀비』 50쪽.

26 Epley, *Mindwise*, 43, 49; Min Kyung Lee, Nathaniel Fruchter, and Laura Dabbish, "Making Decisions from a Distance: The Impact of Technological Mediation on Riskiness and Dehumanization,"

CSCW '15: Proceedings of the 18th ACM Conference on Computer Supported Cooperative Work & Social Computing, Human-Computer Interaction Institute, Heinz College, Carnegie Mellon University, 2015, 1576~1589.첫번째 책의 한국어판은『마음을 읽는다는 착각』.

27 Lieberman, *Social*, 186. 한국어판은『사회적 뇌』278쪽.

28 5장을 보라.

29 Daniel C. Dennett, *Kinds of Minds: Toward an Understanding of Consciousness* (Basic Books, 1996), 27~36. 한국어판은『마음의 진화』(사이언스북스, 2016) 59~81쪽.

30 확립된 주장에 따르면 내측전전두피질이 활성화된다는 것은 우리가 타인에 대해 생각하고 따라서 사회적 추론을 실시한다는 뜻이다. Amodio and Frith, "Meeting of Minds." 사회적 추론의 정도가 작을 때 우리 마음은 이 사람들을 '외집단'으로 보는 경향이 있다. Lasana T. Harris and Susan T. Fiske, "Social Groups That Elicit Disgust Are Differentially Processed in mPFC," *Social Cognitive and Affective Neuroscience* 2.1 (2007): 45~51; Lasana T. Harris and Susan T. Fiske, "Dehumanizing the Lowest of the Low: Neuroimaging Responses to Extreme Out-Groups," *Psychological Science* 17.10 (2006): 847~853; Susan T. Fiske, "From Dehumanization and Objectification to Rehumanization: Neuroimaging Studies on the Building Blocks of Empathy," *Annals of the New York Academy of Sciences* 1167.1 (2009): 31~34.

31 Lasana T. Harris and Susan T. Fiske, "Perceiving Humanity or Not: A Social Neuroscience Approach to Dehumanized Perception," *Social Neuroscience: Toward Understanding the Underpinnings of the Social Mind* (2011): 123~134; Celia Guillard and Lasana T. Harris, "The Neuroscience of Dehumanization and Its Implications for Political Violence," in *Propaganda and International Criminal Law* (Routledge, 2019), 199~216.

32 Melville, *Bartleby*, 140. 한국어판은『필경사 바틀비』93쪽.

33 Nick Haslam et al., "More Human than You: Attributing Humanness to Self and Others," *Journal of Personality and Social Psychology* 89.6 (2005): 937.

34 우리는 타인을 우리와 다르게 여길수록 그들에게 감정이입을 덜한다. Shihui Han, "Neurocognitive Basis of Racial Ingroup Bias in Empathy," *Trends in Cognitive Sciences* 22.5 (2018): 400~421. 우리를 '인간'으로

만들거나 마음에 가치를 부여한다고 느껴지는 성질 중 하나는 자유의지다. 놀랍지 않게도 사람들은 자신이 타인보다 자유의지를 많이 가졌다고 생각한다. Epley, *Mindwise*, 50~51; Emily Pronin and Matthew B. Kugler, "People Believe They Have More Free Will than Others," *Proceedings of the National Academy of Sciences* 107.52 (2010): 22469~22474. 첫 번째 책의 한국어판은 『마음을 읽는다는 착각』.

10장 옳은 일이 옳지 않을 때

1 Judith Jarvis Thomson, *Rights, Restitution, and Risk: Essays in Moral Theory* (Cambridge, Mass.: Harvard University Press, 1986).

2 Joshua D. Greene et al., "An fMRI Investigation of Emotional Engagement in Moral Judgment," *Science* 293.5537 (2001): 2105~2108.

3 J. Greene, "The Secret Joke of Kant's Soul," in Walter Sinnott-Armstrong, ed., *Moral Psychology*, vol. 3, *The Neuroscience of Morality: Emotion, Disease, and Development* (MIT Press, 2007), 35~79.

4 이 주제를 훌륭히 검토한 문헌으로는 다음 논문을 보라. Joshua Greene and Jonathan Haidt, "How (and Where) Does Moral Judgment Work?" *Trends in Cognitive Sciences* 6.12 (2002): 517~523; Jesse Prinz, "Sentimentalism and the Moral Brain," *Moral Brains: The Neuroscience of Morality* (2016): 45~73.

5 Jonathan Haidt, "The Emotional Dog and Its Rational Tail: A Social Intuitionist Approach to Moral Judgment," *Psychological Review* 108.4 (2001): 814.

6 Lawrence Kohlberg, "Stage and Sequence: The Cognitive-Developmental Approach to Socialization," *Handbook of Socialization Theory and Research* 347 (1969): 480. 콜버그의 인지 중심 접근법에 많은 영향을 준 것은 장 피아제의 연구로, 피아제는 여전히 20세기의 가장 저명한 발달심리학자로 손꼽힌다. Jean Piaget, *The Moral Judgement of the Child*, translated by M. Gabain (Harmondsworth: Penguin, 1977), originally published 1932. 한국어판은 『아동의 도덕 판단』(울산대학교출판부, 2000).

7 Jonathan Haidt, "The Moral Emotions," in R. J. Davidson, K. R. Scherer, and H. H. Goldsmith, eds., *Handbook of Affective Sciences*

(Oxford University Press, 2003), 852.

8 Frans de Waal and Stephen A. Sherblom, "Bottom-up Morality: The Basis of Human Morality in Our Primate Nature," *Journal of Moral Education* 47.2 (2018): 248~258.

9 Sarah F. Brosnan and Frans de Waal, "Monkeys Reject Unequal Pay," *Nature* 425.6955 (2003): 297~299; Jessica C. Flack and Frans B. M. de Waal, "'Any Animal Whatever': Darwinian Building Blocks of Morality in Monkeys and Apes," *Journal of Consciousness Studies* 7.1-2 (2000): 1~29; Colt Halter, "Empathy and Fairness in Nonhuman Primates: Evolutionary Bases of Human Morality," *Intuition: The BYU Undergraduate Journal of Psychology* 14.2 (2019): 9.

10 Marc Bekoff and Jessica Pierce, "Wild Justice: Honor and Fairness Among Beasts at Play," *American Journal of Play* 1.4 (2009): 451~475.

11 Joshua D. Greene, "Dual-Process Morality and the Personal/Impersonal Distinction: A Reply to McGuire, Langdon, Coltheart, and Mackenzie," *Journal of Experimental Social Psychology* 45.3 (2009): 581~584.

12 우리가 도덕 위반을 불승인하려는 충동에 저항할 때마다 배외측전전두엽피질이 활성화되는데, 이곳은 자제력을 담당하는 뇌 부위다. 도덕 위반에 반감을 느끼는 것은 자동적 반응이다. Joshua D. Greene, "Why Are VMPFC Patients More Utilitarian? A Dual-Process Theory of Moral Judgment Explains," *Trends in Cognitive Sciences* 11.8 (2007): 322~323. 6장에서 보았듯 부당한 대우를 무시할 때에도 자제력이 활성화된다. Golnaz Tabibnia, Ajay B. Satpute, and Matthew D. Lieberman, "The Sunny Side of Fairness: Preference for Fairness Activates Reward Circuitry (and Disregarding Unfairness Activates Self-Control Circuitry)," *Psychological Science* 19.4 (2008): 339~347.

13 구체적으로 말하자면 사람들은 도덕적으로 문제가 있는 행동이 해로운 결과를 낳으면 그것을 고의적이라고 생각할 가능성이 크다. Joshua Knobe, "The Concept of Intentional Action: A Case Study in the Uses of Folk Psychology," *Philosophical Studies* 130.2 (2006): 203~231; Arudra Burra and Joshua Knobe, "The Folk Concepts of Intention and Intentional Action: A Cross-Cultural Study," *Journal of Cognition and Culture* 6.1-2 (2006): 113~132; Joshua Knobe and

Gabriel S. Mendlow, "The Good, the Bad and the Blameworthy: Understanding the Role of Evaluative Reasoning in Folk Psychology," *Journal of Theoretical and Philosophical Psychology* 24.2 (2004): 252; Joshua Knobe, "Theory of Mind and Moral Cognition: Exploring the Connections," *Trends in Cognitive Sciences* 9.8 (2005): 357~359.

14 양립 불가론과 양립 가능론을 심층 검토한 문헌으로는 다음 논문을 보라. Paolo Galeazzi and Rasmus K. Rendsvig, "On the Foundations of the Problem of Free Will," *Episteme* (2022): 1~19.

15 철학자 조슈아 노브는 치매 장애가 결정론의 확고한 사례가 아닌 것은 분명하지만 그럼에도 이 이론을 치매 장애에 대입하는 것이 적절하다는 데 동의한다.

16 Shaun Nichols and Joshua Knobe, "Moral Responsibility and Determinism: The Cognitive Science of Folk Intuitions," *Nous* 41.4 (2007): 663~685. 다시 말하자면 노브는 치매 장애가 자신과 숀 니컬스가 만들어낸 결정론적 시나리오에 직접 들어맞지 않음에도 그의 가상적인 구체적·추상적 상황에 대한 반응과 나의 모임에서 일어난 현실 반응에서 내가 끌어낸 유사성에 의미가 있음을 인정했다. 두 견해 다 도덕적 판단에 감정의 역할이 있음을 인정한다.

17 Adina Roskies, "Neuroscientific Challenges to Free Will and Responsibility," *Trends in Cognitive Sciences* 10.9 (2006): 419~423; Adina Roskies and Eddy Nahmias, "'Local Determination,' Even If We Could Find It, Does Not Challenge Free Will: Commentary on Marcelo Fischborn," *Philosophical Psychology* 30.1 2 (2017): 185~197.

18 Michael Gazzaniga, *The Ethical Brain: The Science of Our Moral Dilemmas* (Ecco, 2006), 101~102. 한국어판은 『뇌는 윤리적인가』(바다출판사, 2023) 127쪽.

19 Bloom, *Descartes' Baby*, 177. 한국어판은 『데카르트의 아기』 264쪽.

20 타인에게 혐오와 역겨움을 느끼는 정도로 그들을 비인간화할 가능성을 예측할 수 있다. Simone Schnall et al., "Disgust as Embodied Moral Judgment," *Personality and Social Psychology Bulletin* 34.8 (2008): 1096~1109; Erin E. Buckels and Paul D. Trapnell, "Disgust Facilitates Outgroup Dehumanization," *Group Processes and Intergroup Relations* 16.6 (2013): 771~780; Gordon Hodson, Nour Kteily, and Mark Hoffarth, "Of Filthy Pigs and Subhuman Mongrels: Dehumanization, Disgust, and Intergroup Prejudice," *TPM: Testing, Psychometrics,*

Methodology in Applied Psychology 21.3 (2014); Allison L. Skinner and Caitlin M. Hudac, "'Yuck, You Disgust Me!' Affective Bias Against Interracial Couples," *Journal of Experimental Social Psychology* 68 (2017): 68~77. 혐오가 비인간화로 이어지는 이유에 대한 진화 이론으로는 다음 논문을 보라. Alexander P. Landry, Elliott Ihm, and Jonathan W. Schooler, "Filthy Animals: Integrating the Behavioral Immune System and Disgust into a Model of Prophylactic Dehumanization," *Evolutionary Psychological Science* 8.2 (2022): 120~133. 최근 연구는 분노와 두려움 같은 그 밖의 감정도 비인간화에 결부되었음을 시사한다. Roger Giner-Sorolla and Pascale Sophie Russell, "Not Just Disgust: Fear and Anger Also Relate to Intergroup Dehumanization," *Collabra: Psychology* 5.1 (2019). 이 모든 연구는 도덕적 편견이 감정과 얼마나 깊이 연관되었는지를 똑똑히 보여준다.

21 데닛은 '마음을 가진 존재'만 도덕적 입장을 보장받는다고 설명하는데, 이는 당신이 그들에게, 그들이 당신에게 도덕적 고려를 받을 자격이 있다는 뜻이다. Dennett, *Kinds of Minds*, 4. 한국어판은 『마음의 진화』 23쪽.

22 우리는 자신의 적이 근본적으로 선하다고 느끼기까지 하는 듯하다. Julian De Freitas and Mina Cikara, "Deep Down My Enemy Is Good: Thinking About the True Self Reduces Intergroup Bias," *Journal of Experimental Social Psychology* 74 (2018): 307~316.

23 Gazzaniga, *Ethical Brain*, 32. 한국어판은 『뇌는 윤리적인가』.

11장 워드 걸

1 Simon Garrod and Martin J. Pickering, "Why Is Conversation So Easy?" *Trends in Cognitive Sciences* 8.1 (2004): 8~11.

2 Simon Garrod and Martin J. Pickering, "Joint Action, Interactive Alignment, and Dialog," *Topics in Cognitive Science* 1.2 (2009): 292~304; Laura Menenti, Martin J. Pickering, and Simon C. Garrod, "Toward a Neural Basis of Interactive Alignment in Conversation," *Frontiers in Human Neuroscience* 6 (2012): 185.

3 Greg J. Stephens, Lauren J. Silbert, and Uri Hasson, "Speaker–Listener Neural Coupling Underlies Successful Communication," *Proceedings of the National Academy of Sciences* 107.32 (2010): 14425~14430.

4 Garrod and Pickering, "Why Is Conversation So Easy?"

5 Martin J. Pickering and Simon Garrod, "An Integrated Theory of

Language Production and Comprehension." *Behavioral and Brain Sciences* 36.4 (2013): 329~347; Holly P. Branigan et al., "Syntactic Alignment and Participant Role in Dialogue." *Cognition* 104.2 (2007): 163~197; Susan E. Brennan and Herbert H. Clark, "Conceptual Pacts and Lexical Choice in Conversation," *Journal of Experimental Psychology: Learning, Memory, and Cognition* 22.6 (1996): 1482; Kevin Shockley, Marie-Vee Santana, and Carol A. Fowler, "Mutual Interpersonal Postural Constraints Are Involved In Cooperative Conversation," *Journal of Experimental Psychology: Human Perception and Performance* 29.2 (2003): 326.

6 Martin J. Pickering and Simon Garrod, "Do People Use Language Production to Make Predictions During Comprehension?" *Trends in Cognitive Sciences* 11.3 (2007): 105~110.

7 여기서 니체는 '대중의 마음'이 어떻게 마음 없는 현상에 대해서조차 의도를 부여하도록 점화되어 있으며 언어가 어떻게 이 경향을 강화하는지 암시한다. 어떤 면에서 니체는 실험심리학자들의 '상식심리학' 연구를 예고한다. 이 분야는 마음의 직관에 대한 연구다. Friedrich Nietzsche, *"On the Genealogy of Morals" and "Ecce Homo,"* translated by Walter Kaufmann (Vintage, 1967), 45. 한국어판은 『도덕의 계보』(아카넷, 2021) 75~76쪽.

8 Patrick Haggard, "Human Volition: Towards a Neuroscience of Will," *Nature Reviews Neuroscience* 9.12 (2008): 934~946.

9 Samuel Beckett, *I Can't Go On, I'll Go On. A Selection from Samuel Beckett's Work* (Grove Press, 1976), 443. 한국어판은 『고도를 기다리며』(민음사, 2000) 118쪽.

10 Friedrich Nietzsche, "Twilight of the Idols," translated by Walter Kaufman, in *The Portable Nietzsche* (Penguin Books, 1976), 483. 한국어판은 『우상의 황혼』(아카넷, 2015) 47쪽.

11 데닛은 말에 힘이 있는 이유가 본질적으로 "의심과 모호함의 해결사"여서 명료함의 인상을 주기 때문이라고 설명한다. Dennett, *Kinds of Minds*, 8. 한국어판은 『마음의 진화』 29쪽.

12 대화가 본질적으로 희망적인 또다른 이유는 화자가 그 효과를 과대평가하는 경향이 있기 때문이다. Boaz Keysar and Anne S. Henly, "Speakers' Overestimation of Their Effectiveness," *Psychological Science* 13.3 (2002): 207~212; Becky Ka Ying Lau et al., "The Extreme Illusion of

Understanding," *Journal of Experimental Psychology: General* (2022), advance online publication, doi.org/10.1037/xge0001213.

맺음말

1   Daniel Kahneman, "The Marvels and the Flaws of Intuitive Thinking," in *The New Science of Decision-Making, Problem-Solving, and Prediction* (HarperCollins, 2013).

옮긴이 **노승영**

서울대학교 영어영문학과를 졸업하고 서울대학교 대학원 인지과학 협동과정을 수료했다. 컴퓨터 회사에서 번역 프로그램을 만들었고 환경단체에서 일했다. "내가 깨끗해질수록 지구가 더러워진다"라고 생각한다.『번역가 모모 씨의 일일』(공저)을 썼으며,『푸른 행성을 위한 증언』『자연은 계산하지 않는다』『시간과 물에 대하여』『향모를 땋으며』『벵크하임 남작의 귀향』『서왕모의 강림』『우리가 세상을 이해하길 멈출 때』등을 우리말로 옮겼다. 2017년『말레이 제도』로 제35회 한국과학기술도서상 번역상, 2024년『세상 모든 것의 물질』로 제65회 한국출판문화상 번역상을 받았다.

기억의 미로를 걷는 사람들

초판 인쇄 2026년 4월 13일 | 초판 발행 2026년 4월 24일

지은이 다샤 키퍼 | 옮긴이 노승영
책임편집 허유민 | 편집 윤정민 김혜정
디자인 엄자영 유현아 | 저작권 박지영 형소진 주은수 오서영 조경은
마케팅 정민호 서지화 박치우 한민아 왕지경 이민경 정유진 정경주 김혜원 김예진 이서진
브랜딩 함유지 이송이 박민재 김하연 신은서 이준희
미디어콘텐츠 함근아 김은솔 박다솔
제작 강신은 김동욱 이순호 | 제작처 천광인쇄사

펴낸곳 (주)문학동네 | 펴낸이 김소영
출판등록 1993년 10월 22일 제2003-000045호
주소 10881 경기도 파주시 회동길 210
전자우편 editor@munhak.com | 대표전화 031)955-8888 | 팩스 031)955-8855
문학동네카페 http://cafe.naver.com/mhdn
인스타그램 @munhakdongne | 트위터 @munhakdongne
북클럽문학동네 http://bookclubmunhak.com

ISBN 979-11-416-1523-9 03400

잘못된 책은 구입하신 서점에서 교환해드립니다.
기타 교환 문의 031) 955-2661, 3580

www.munhak.com